JN142275

＼もう一度解いてみる／

この挑戦で数学センスが復活する!?

入試数学

鈴木伸介
ハイレベル数学講師

Subarusya
すばる舎

まえがき

◉数学は、こんなに楽しい！

突然ですが、あなたは「数学」と聞いて何を連想しますか？

初対面の人との会話で、私が数学を教える仕事をしているというと、たいていの場合、次のような言葉が返ってきます。

「私は数学が苦手で、これまでずっと避けてきました。当然大学は文系に進みました」

「数学は中学までは得意だったんですが、高校に入ると一気に難しくなって挫折しちゃいました」

「数学って、わかったら面白いとは思うんですけど、私はできないので…」

そのあと、次のような言葉が続くこともあります。

「でも、仕事で調べ物をしていると、たまに数学の知識が必要になることがあります」

「ちゃんと数学を勉強しておけばよかったと、大人になったいま思うことがあります」

「もう一度数学を学び直したいとは思うんだけど、何からやればいいのかわからなくて…」

直接言葉には出さなくても、「数学が苦手だったことが心のどこかでトゲのように刺さっていて、たまにチクチクする」といった雰囲気が伝わってくることもよくあります。

私たちが数学を学ぶのは、ほとんどの場合、中学校や高校においてです。

数学が苦手になった原因の多くは、きっと中学校や高校、あるいはそのときに通っていた塾などでの出来事にあるのでしょう。

初めにお断りしておきたいのですが、私は現在の数学教育や数学教師のあり方を批判しようとしているのではありません。

むしろいまの教育システム上、数学に苦手意識を持つ人が出てきてしまうのは、ある程度仕方のないことだと思っています。

思い出してみましょう。

私たちは中学生や高校生のとき、いったい「なぜ」数学を学んでいたのでしょう。

それはおそらく、次のような目的だったはずです。

- 定期テストでよい点を取るため
- クラス内の成績順位を上げるため
- 模試での偏差値を上げるため
- 志望する高校や大学に進学するため

これらの目的はもちろん大切です。目標に向かって努力することが素晴らしいことであるのは、何の疑いの余地もありません。また、その必死の努力が実ったときの喜びは何物にも代え難いでしょう。

◉なぜ、数学が「つまらない」のか？

ただここには大きな落とし穴があります。それは、数学を単なる「点数を取るための道具」としか見られなくなってしまう、ということです。

学校や塾には役割があります。ですのでそこで行われる数学の授業も、その目的に沿って進められることになります。これは学校や塾における数学教育という性質上、いたし方のないことであり、ごく当然のことです。そしてまた、授業の中で単なる点数のためだけではない数学本来の面白さを伝えている数学の先生もたくさんいらっしゃるはずです。

でも、思い出してみてください。たいていの数学の授業で教師から発せられる言葉には、次のようなものが多かったのではないでしょうか。

「この公式を覚えましょう」「この問題はこう解くので、解法パターンを覚えましょう」「ここはテストに出ますよ」「これはテストに出ないから要りません」「理由は知らなくていいので、結論だけ使えればいいです」「考えなくていいので、機械的に解きましょう」

などなど…。

繰り返しますが、これらのことが悪いとはいいません。必要であることは間違いありません。
限られた条件と時間の中で、学校や塾としての成果を求められる状況において、そうする以外の選択肢が選ばれにくいことも十分理解できます。
ただ、こういった数学教育の現状が、数学が苦手になったり、数学で挫折したり、数学を嫌いになったり、という子を多くつくってしまっているのも紛れもない事実です。
授業カリキュラム、各種テスト、大学入試制度など様々な制約の中で、数学本来の魅力を楽しむ余裕もなく、数学が単なる成績を取るための道具になり下がってしまっている現実は否定できません。
これが数学を「つまらなく」させてしまっているのです。

●数学は脳の筋トレである！

数学とは本来「楽しい」ものであるべきだというのが、私の根幹にある考え方です。
何かの目的のための数学ももちろん必要ですが、「何の目的もない数学」があってもいいんじゃないか、と私は思います。というより、数学は元来そういうところから生まれたはずです。
数学をパズルだと考えるとわかりやすいでしょう。
たとえばパズルをやっている人に「あなたは何の目的でパズルをやっているのですか？」と聞いたとしましょう。
さて、どんな答えが返ってくるでしょうか？
きっと「楽しいから（あるいは面白いから）やっているんだ」と返ってくるでしょう。
「なにを馬鹿なことを聞いてくるんだ。いまパズルを解いているんだから邪魔しないでくれ」と睨まれるかもしれません。

私にとっての理想の数学の姿とは、こういったものです。
「ただ楽しいから数学をやる」

そんな数学があってもいいと思いませんか？
数学は哲学になぞらえられることもよくあります。
数学とは思考の学問であり、論理の学問です。自然界で共通する絶対的に正しい理屈を使いながら、論理をつないでいくことで、知りたい結論まで到達させる一連の活動が数学です。
たとえば「数字」は論理のためのひとつのツールであって、数字は数学のごく一部に過ぎないのです。

あるいはこう考えてもよいかもしれません。
ランニングや筋トレなどの運動が、体を鍛えるトレーニングであるように、数学は思考を鍛えるトレーニングです。
運動は身体の疲労を伴いますが、運動後は清々しい気分になるし、また続けることで健康によいことを知っているからこそ、私たちは自ら進んで運動をするわけです。
それと同じように、数学は頭脳の疲労を伴います。
その代わり、考える過程で楽しみを覚え、また難問が解けたときの大きな達成感はとても気持ちがいいものです。
そして、その過程で論理的な思考回路が構築されていきます。数学は、脳の筋トレなのです。

◉数学をとおして「考える」習慣を取り戻そう！

人間は本来、「考える」ことに対して喜びを感じる生き物です。
ところが現代社会においては、あらゆる制限やすべきことが日々多過ぎて、自分自身の純粋な楽しみのための「考える時間」が取りにくくなっている気がします。
ちょっとした空き時間に数学を考えてみてはどうでしょうか？　というのが私の提案であり、本書の大きなテーマでもあります。
そういうと、あなたはこう思うかもしれません。
「数学が楽しいかもしれないのはわかった。でも、私は実際数学に途中で挫折してしまったし、もう10年以上も数学から離れてしまっている。そんな私に、いまさら数学を楽しみましょうといわれても……」

ごもっともな意見です。

でも、あなたはいまこの本を手にして、ここまで読み進めています。その時点で、数学を楽しむための下地は十分あるはずです。

その前提でお話しします。

数学という教科を難しくさせている大きな原因のひとつに、「数学は積み重ねの上に成り立つ」という特徴があります。

たとえば、高校生のある時点で数学につまずいてしまうと、そこから先は途端に先生のいっていることがわからなくなる。そうすると、もうわからないから勉強するのをやめてしまう。数学から離れる。文系に進む。あなたやあなたの周りでも、こういった人は多かったのではないでしょうか。

ただ、これは数学が積み重ねの教科である以上、十分に起こり得ることです。あなたやあなたの友人が悪いわけではありません。

たとえば日本史の勉強だったら、鎌倉時代が覚えられなかったから、江戸時代が全然わからない、ということはないわけです。ただ、数学の場合は、2次関数でつまずいたから微分積分が全然わからない、ということは往々にして起こり得ます。

ですので、もし何かのきっかけでもう一度、微分積分を学びたいと思って専門書を買ってみることがあっても、2次関数の時点から学び直さないといけない（あるいは、何から手をつけて学び直せばいいのか、まったくわからない）となってしまい、「やはり自分は数学が苦手なんだ」とまた挫折し、ますます数学との仲が悪くなってしまうなんてことになるわけです。

チャレンジしようとすればするほど嫌いになる、そんな悲しい話はありません。

●数学をもっと“楽しむ”ために

本書が目指す最大の目的は「数学を楽しむ」ことです。ですので、堅苦しく数学をもう一度基礎から系統立てて学び直す、ということはしません。その代わりに、「手っ取り早くいますぐ数学の楽しさを満喫しましょう！」というのが本書のスタンスです。

したがって、数学の知識があまりない方や、数学をほとんど忘れてしまった方でも、数学を十分に楽しめるように本書は構成されています。ぜひ安心して、ページを進めてもらえたらと思います。

そして本書を通じて、「あ、数学ってこんなに面白かったんだ」とその節々で感じてもらえれば、著者としてこれほどうれしいことはありません。それをきっかけに数学に興味を持っていただき、自ら必要な勉強にもう一度チャレンジする助けになればと思います。

それには系統立てた勉強が必要になるかもしれませんが、きっとそのときには、あなたにはすでに学び直すだけのモチベーションが備わっているはずです。本書が、あなたのそういったリスタートの一助になればと願ってやみません。

ここでもう一度、本書がどのような方に向けて書かれているのかを確認しておきましょう。

- 昔は数学がある程度できていたが、途中で挫折してしまった
- 昔から数学が苦手で避けてきたが、大人になってから数学に興味が湧いてきた
- 数学をもう一度学び直したいけど、いったい何から始めればよいのかわからない

あるいは、次のような方にも十分楽しんでいただける内容になっています。

- 数学の成績はよかったけど、表面的な勉強だったので、数学の本来の面白さをもっと知りたい
- いまでも数学が好きで、数学に関する本もよく読んでいる

つまり、あなたのいまの数学レベルにかかわらず、「何かしら数学が気になる」という方でしたら、きっと楽しんでいただける内容になっている

はずです。

また、現役の高校生（もちろん小中学生だって大歓迎）にとっても、数学の得意、不得意に関係なく、きっと役に立つ内容になっていると思います。本書をきっかけに、「苦手な数学が好きになった」という青少年が増えれば、著者としても大変うれしく思います。

◉じっくり考えさせるからこそ、数学は面白い

本書が扱う数学の問題は、すべて実際の大学入試問題(一部改題を含む)です。しかも、あえてそれなりに難易度の高い問題を厳選しています。

かつて数学に挫折した経験がある方、そして数学の予備知識がほとんどない方に向けての本でありながら、なぜ難易度が高めの大学入試問題ばかりを選んでいるのか。

矛盾があるように感じるかもしれませんが、それにはちゃんとした理由があります。難易度が高いとは、言い換えれば「じっくり考えないと解けない」ということです。

逆に簡単な問題とは、語弊を恐れずにいうと、基本事項(定理・公式等)を「暗記」していればそれを使うだけで解ける問題のことです。

もうおわかりでしょう。

「暗記したことを単に使うだけで簡単に答えが出る」問題を解くことで、どうやって数学の楽しさを実感できるというのでしょう。

難易度が高い問題とは、別の言い方をすれば、よく練られた問題ということです。つまりそこには、本来の数学的な魅力がたくさん詰まっているのです。

だからこそ、かつて数学がつまらなかったという方にこそ、難しい問題を考えていただきたいのです！

もちろん、難しい問題を楽しむためのステップは、本書の中で随所に設けてありますので、ご安心ください。

◉答えをすぐ見ないで、まずは考えてみてください！

本書では、次の４つの分野の大学入試問題を扱います。

第１章　数式問題

第２章　整数問題

第３章　図形問題

第４章　確率問題

扱う範囲をこの４分野に絞った理由は、これらは数学的な基礎知識がほとんどない方でも、純粋に楽しむことができる単元だからです。

とはいうものの、まったく知識ゼロで難関大学入試問題に挑むのはさすがにキツいので（笑）、各章のはじめに、最低限これだけは知っておきましょうという基本知識（定理・公式等）を掲載しています。参考にしてみてください。もちろん「覚えましょう」とはいいません。でも、このページを見ながら問題を考えていただくのはご自由です。

また各問題の解説も、これでもかというくらい極限までかみ砕いて説明しています。難しい数学の用語もなるべく使わずに表現に工夫を加えています。しかも、数学を楽しんでいただけるよう、ポイントを掘り下げ、また多角的に問題を捉えられるような工夫も随所に織り交ぜています。

このように本書では、数学の問題を単なる無味乾燥なものではなく、まるで生きているように感じてもらえるよう、解説を最大限まで充実させています。

最後に、本書によって数学の楽しさを十分に感じてもらうために、ひとつお願いがあります。

ひとつひとつの問題は、著者自身の長年の数学指導の経験をもとに、数学の醍醐味が凝縮された問題を厳選しています。

ですので、問題を見てわからなかったらすぐ答えを見る、のではなく、１問１問じっくりと問題を味わう時間（つまり考える時間）を取ることを強くオススメします。

いちばんの理想は、本書と一緒にペンと紙（ちゃんとしたノートでなくても、チラシの裏紙などで構いません）を用意して、「あーでもない、こーでもない」ときちんと悩んでいただくことです。

数学の本当の楽しさは、その考えたり悩んだりする過程にあります。そして、「あ！わかった！」という光が見えた一瞬の喜びの中にあります。

ぜひあなたにもその喜びを味わっていただきたく思っていますので、なるべく真剣に一問一問に向き合ってほしいのです。

だって、せっかく同じお金を出して買った本なのですから、そのほうが「おトク」でしょう？

そして本書は、よくある数学の本のように、「偉い人が考えた後の結論だけを書く」のではなく、途中の「あーでもない、こーでもない」の部分も大切にしています。

ですので、説明の途中でやや冗長になっている箇所や、あえて遠回りしているところも多くあります。また、数学の厳密性を犠牲にしても、わかりやすさを優先した箇所のあることもお断りしておきます。ただ、そうした箇所はあなたと一緒に未知なる数学の旅路を歩む同行者として、行き先をただ示すだけではなく、一緒に悩む過程を共有したいとの意図から、あえてそういう構成にしています。

繰り返しますが、数学の本当の楽しさは、そのゴールまでの過程にあるのです！

そして、かつて試験で苦しんだような制限時間はありません。カンニング（いろいろ調べる）もOKです。先生・親の厳しい目や、堅苦しいルールなども一切ありません。

思う存分、自由にあなたの頭脳を羽ばたかせてください！

さあ、心の準備はできましたか？

では、魅惑の数学の世界に、一緒に飛び込んでいきましょう！

もう一度解いてみる**入試数学**

目次

まえがき――― 2

●数学は、こんなに楽しい！― 2
●なぜ、数学が「つまらない」のか？― 3
●数学は脳の筋トレである！― 4
●数学をとおして「考える」習慣を取り戻そう！― 5
●数学をもっと“楽しむ”ために― 6
●じっくり考えさせるからこそ、数学は面白い― 8
●答えをすぐ見ないで、まずは考えてみてください！― 9

第1章 数式問題――― 15

【基本定理・公式】― 16

●展開公式／因数分解公式／2次方程式の解の公式／
組合せの式／二項定理／剰余の定理

第1問 “対称性”を保ちながら式の変形をする― 25
第2問 “求めたい式に表れない文字”を消去する― 30
第3問 「少なくとも1つは1」と「すべて1」の処理に注目！― 33
第4問 因数の展開に「組合せ」の式をうまく使う― 38
第5問 「剰余の定理」を上手に導き出して利用する― 43
第6問 求めた条件を使って、新たな等式を導き出す― 46
第7問 うまく誘導に乗ろう。「二項定理」の威力を感じて！― 50
第8問 「適当な数」を代入し、条件式をうまく使う― 55

52816
93740

第2章 整数問題——61

【基本定理・公式】—62

●素因数分解

第9問　与えられた分数を変形し、分数部分で約数を考える—63

第10問　「素因数分解」を最大限に活用しよう！—67

第11問　素因数分解で３や５が２個以上含まれる数に注意！—72

第12問　「30＝2×3×5」をもとに、それぞれの倍数を探す—77

第13問　「左辺」と「右辺」で、整数のかけ算の形をつくる—85

第14問　「大小関係」によって条件を絞り込む—88

第15問　「順序」を正確に捉え“もれなくすべて”を考慮する—92

第16問　「左辺」と「右辺」の“余り”で整合性を考える—98

第17問　すべてのnを３で割った“余り”で分けて考える—104

第3章 図形問題——111

【基本定理・公式】—112

●三角形の外角の性質／三平方の定理／特別な直角三角形の辺の比／円の弦に下ろした垂線／円周角の定理／円の接線の性質／方べきの定理／三角形の内心・外心・重心・垂心／平面と直線の垂直関係

第18問　円の性質、接線の性質を効果的に使う—119

第19問　適当な補助線を引いて、三平方の定理にもっていく—122

第20問　ある長さをxとし、図形から方程式をつくる—127

第21問　△ＡＢＣの形状に注目し、それぞれの長さを求める—133

第22問　誘導に乗って、対応する辺や角を変換させていく—139

第23問　空間における直線と平面の垂直関係を活用する— 149
第24問　知りたい長さを含む平面で立体を切る— 155
第25問　知りたい長さを含む“最適の平面”を選択する— 161

第4章 確率問題

第4章 確率問題—— 169

【基本定理・公式】— 170

●確率の考え方

第26問　あいこになる場合を、具体例を挙げて計算— 173
第27問　条件に合うパターンを丁寧に調べていく— 178
第28問　条件を満たすパターンを効率的に探していく— 182
第29問　点数の重複が発生する場合を別々に処理— 185
第30問　状況をかみ砕き、一般化の計算に持ち込む— 189
第31問　勝敗のパターンを細かく判断。根気強く！— 197
第32問　問題の設定を正確に捉え、状況を丁寧にたどる— 208
第33問　普段なじみのあるゲームを確率で考える— 213
第34問　状況を把握し、それぞれのケースの確率を考える— 219

あとがき—— 224

●数学をとおして、世界を新発見、再発見してください！— 225

編集協力　未来工房、大賀英二
本文イラスト　大塚さやか
本文校正　塩田敦士

第1章

数式問題

52816
93740

まずは数学の神髄である「数式」に関する問題を見ていきましょう。単なる計算とはいえ、その奥には“数学の神秘”が数多く隠されています。その面白さを体感しながら、数学の魅力をたっぷり味わっていただければと思います。

基本定理・公式

展開公式

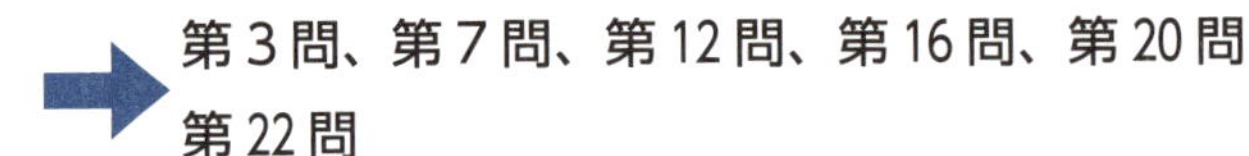

第3問、第7問、第12問、第16問、第20問
第22問

以下の展開式はよく使われるので、結果を知っておくと便利です。

(1) $(a+b)^2 = a^2 + 2ab + b^2$

(2) $(a-b)^2 = a^2 - 2ab + b^2$

(3) $(a+b)(a-b) = a^2 - b^2$

(4) $(a+b)(a^2 - ab + b^2) = a^3 + b^3$

(5) $(a-b)(a^2 + ab + b^2) = a^3 - b^3$

(6) $(a+b)^3 = a^3 + 3a^2b + 3ab^2 + b^3$

(7) $(a-b)^3 = a^3 - 3a^2b + 3ab^2 - b^3$

(8) $(a+b+c)^2 = a^2 + b^2 + c^2 + 2ab + 2bc + 2ca$

それぞれの式が成り立つことは、左辺を実際に展開してみれば確かめられるでしょう。

たとえば、(4)は、

$$(a+b)(a^2 - ab + b^2) = a^3 - \cancel{a^2b} + \cancel{ab^2} + \cancel{a^2b} - \cancel{ab^2} + b^3 = a^3 + b^3$$

と確かに成り立ちますし、(7)は、

$$\begin{aligned}(a-b)^3 &= (a-b)^2(a-b) = (a^2 - 2ab + b^2)(a-b)\\ &= a^3 - a^2b - 2a^2b + 2ab^2 + ab^2 - b^3\\ &= a^3 - 3a^2b + 3ab^2 - b^3\end{aligned}$$

となることがわかりますね。

因数分解公式

➡第６問、第８問、第12問

因数分解とはわかりやすくいうと、ある式を別の式のかけ算（積）の形に変形することをいいます。

たとえば、$ab+ac=a(b+c)$という変形は、$ab+ac$という式を、aという式（文字１個ですが、これもれっきとした「式」です）と$b+c$という式のかけ算の形に変形していますね。ですので、「因数分解」です。

あるいは先の展開公式の(1)は、$(a+b)^2$という式と$a^2+2ab+b^2$という式が等しいことを示しているので、左辺と右辺を入れ替えた
$a^2+2ab+b^2=(a+b)^2$も当然成り立ちます。ところでこの式は、
$a^2+2ab+b^2$という式を、$(a+b)^2$すなわち$a+b$と$a+b$のかけ算の形に変形していることになりますので、これも「因数分解」です。

つまり、先の展開公式について、右辺を先に見て左辺に変形する操作は、すべて因数分解ということになります。

(1)′ $a^2+2ab+b^2=(a+b)^2$
(2)′ $a^2-2ab+b^2=(a-b)^2$
(3)′ $a^2-b^2=(a+b)(a-b)$
(4)′ $a^3+b^3=(a+b)(a^2-ab+b^2)$
(5)′ $a^3-b^3=(a-b)(a^2+ab+b^2)$
(6)′ $a^3+3a^2b+3ab^2+b^3=(a+b)^3$
(7)′ $a^3-3a^2b+3ab^2-b^3=(a-b)^3$
(8)′ $a^2+b^2+c^2+2ab+2bc+2ca=(a+b+c)^2$

これらの因数分解はよく使いますので、知っておきましょう。

また、本書では上の(5)′をより一般化した、次のやや特殊な因数分解を使う場面がありますので、ここで紹介しておきましょう（nはある数（厳密にいうと自然数）を表しています）。

$$a^n - b^n = (a-b)(a^{n-1} + a^{n-2}b + \cdots\cdots + a^2b^{n-3} + ab^{n-2} + b^{n-1})$$

特に $b=1$ とした、次の因数分解の式も便利です。

$$a^n - 1 = (a-1)(a^{n-1} + a^{n-2} + \cdots\cdots + a^2 + a + 1)$$

2次方程式の解の公式

第8問

方程式とは、ある特定の値について成り立つ等式のことをいいます。また、その値のことを「方程式の解」といい、解を求める操作を「方程式を解く」といいます。2次方程式とは、変数 x の2次式（x の一番大きな次数が2次）で表される方程式のことです。

一般的に2次方程式は、$ax^2+bx+c=0$ と表すことができます（ただし、$a=0$ ではそもそも「2次式」になりませんので、$a \neq 0$ という前提条件がつきます）。このとき、この2次方程式の解は以下のようになります。これが有名な、2次方程式の解の公式です。

$$x = \frac{-b \pm \sqrt{b^2 - 4ac}}{2a}$$

この結果は何の断りもなく使うことができますが、2次方程式の解がなぜこのように表されるのか気になる方もいると思いますので（素晴らしい姿勢です！）、以下に示しておきたいと思います（難しく感じる方は読み飛ばしても OK です）。

$$ax^2 + bx + c = 0$$

$$x^2 + \frac{b}{a}x + \frac{c}{a} = 0$$

（x^2 の係数を1にするために両辺を $a\,(\neq 0)$ で割りました）

$$x^2 + \frac{b}{a}x = -\frac{c}{a}$$

$$x^2 + 2 \times \frac{b}{2a}x + \left(\frac{b}{2a}\right)^2 = -\frac{c}{a} + \left(\frac{b}{2a}\right)^2$$

（左辺を$(x+\square)^2$の形に変形することを見越し、$\left(\frac{b}{2a}\right)^2$を両辺に加えました）

$$\left(x+\frac{b}{2a}\right)^2=\frac{b^2-4ac}{4a^2}$$

（因数分解の公式（先ほどの(1)′）を用い、左辺を$(x+\square)^2$の形に変形しました。また、右辺を整理しました）

$$x+\frac{b}{2a}=\pm\sqrt{\frac{b^2-4ac}{4a^2}}$$

（両辺の2乗を外しました。右辺は正負の両方の数値が取れます）

$$x=-\frac{b}{2a}\pm\frac{\sqrt{b^2-4ac}}{2a}=\frac{-b\pm\sqrt{b^2-4ac}}{2a}$$

（左辺の$\frac{b}{2a}$を右辺に移項しました）

これで、2次方程式の一般解が示せました！

組合せの式

第4問、第7問、第26問、第29問、第30問、第31問

突然ですが、10枚のカードの中から3枚選ぶ選び方は、全部で何通りあるかを考えてみましょう。

いま、「1」～「10」までの数字を書いたカードが1枚ずつあるとします。この中から3枚選ぶとき、その選び方は、たとえば（「2」,「5」,「9」）とか（「3」,「4」,「10」）などがあるわけですが、この選び方は全部で何通りあるでしょう？

いま、いっせいに3枚のカードを引く状況を考えていますが、1枚ずつ順番に引いても時間差が生じるだけで現象としては同じです。1枚目のカードの引き方は10通り、2枚目のカードの引き方は、残るカードが9枚なので9通り、3枚目の引き方は同様に8通りあります。よって順番にカードを引く場合、そのカードの引き方は全部で 10×9×8＝720 通りあることがわかります。

ところが、たとえば「2」→「5」→「9」という引き方と、「5」→「2」→「9」という引き方は、上の 720 通りの中では別々にカウントしていますが、「カードの選び方」の組としては（「2」,「5」,「9」）で同じになります。つまり、720 通りの中ではこれらを重複してカウントしてしまっているので、実際には 720 通りよりも小さくなるはずです。

では、どれだけ重複しているのでしょう。（「2」,「5」,「9」）の組合せとなる場合の、それぞれのカードを引く順番を考えると、全部で

「2」→「5」→「9」，「2」→「9」→「5」，「5」→「2」→「9」，
「5」→「9」→「2」，「9」→「2」→「5」，「9」→「5」→「2」

の 6 通りあることがわかります。

つまり、720 通りの中ではこれら 6 つがすべてカウントされてしまっていますが、「選び方」としては 1 通りとしてカウントしなければいけないので、720 を 6 で割る必要があります。

よって、10 枚のカードの中から 3 枚選ぶ選び方は、720÷6＝120 通りが正解です。

いまは具体的に数え上げて考えましたが、次に、これを一般的なひとつの式で表現することを考えてみます。

「10 枚のカードから順番に 3 枚のカードを引く」引き方は、10×9×8 でした。これを次のような式で考えてみましょう。

ある自然数 n（自然数とは、1，2，3，…という正の整数のことです）について、その数から順に 1 ずつ小さい数をかけてやった数のことを「n の階乗」といい、$n!$という記号で表現します（たとえば、$4!=4\times3\times2\times1$ です。また、0 の階乗 $0!$ は 1 です）。

すると、10×9×8 を階乗を使って表現する場合、$\frac{10!}{7!}$ という式で表されることがわかるでしょう。そして、この 7 を 10－3 と考えれば、「10 枚のカードから順番に 3 枚のカードを引く」引き方は、$\frac{10!}{(10-3)!}$ と計算できることがわかります。

そして、この$\frac{10!}{(10-3)!}$の中には重複が含まれてしまっていますので、その分を除いてやる必要があります。では、どれだけ重複があるのでしょう？　先ほどの例では、結局2と5と9がどの順に並ぶか、その並び方の分だけ重複が発生しました。そして、この3つの数字の並び方が何通りあるかというと、最初の数字で3通り、次の数字で2通り、最後で1通りなので、3×2×1通りあります。そしてこれはまさしく3!です。

$\frac{10!}{(10-3)!}$通りの10個の数字を順番に3つ選ぶ選び方に対し、それぞれについて重複が3!だけ発生しています。よって、「10枚のカードの中から3枚選ぶ選び方」は、$\frac{10}{(10-3)!}$を3!で割った$\frac{10!}{(10-3)!3!}$という式で表されることになります（実際に計算してみると、確かに、$\frac{10!}{(10-3)!3!}=\frac{10!}{7!3!}=\frac{10\times 9\times 8}{3\times 2\times 1}=120$となりますね！）。

いま「10枚のカードから3枚選ぶ選び方」を考えましたが、これをより一般化すると、以下のようになります。

> n個の中からr個選ぶ選び方は、$\frac{n!}{(n-r)!r!}$通り

そして、この組合せの計算式をCという記号（combinationの頭文字のCです）を使って、${}_nC_r$と表します。（たとえば、10個の中から3個選ぶときは、${}_{10}C_3$と表記します。）

二項定理

第７問

「展開公式」では、以下の式を確認しました。

$$(a+b)^2=a^2+2ab+b^2$$

$$(a+b)^3=a^3+3a^2b+3ab^2+b^3$$

この左辺の次数を$(a+b)^4$，$(a+b)^5$，…と上げていき、そして一般化してn乗の形で表すと、結果はどうなるのでしょう？　これを表したものが「二項定理」です。

先の例だと、それぞれの結論は、

$$(a+b)^4=a^4+4a^3b+6a^2b^2+4ab^3+b^4$$

$$(a+b)^5=a^5+5a^4b+10a^3b^2+10a^2b^3+5ab^4+b^5 \quad \cdots\cdots①$$

となります。もちろん、ひとつずつ地道に展開計算を進めていってもこの結論は出せるのですが、ここでは別のアプローチをとってみましょう。

たとえば、$(a+b)^5$は、累乗を使わずに書くと、

$(a+b)\times(a+b)\times(a+b)\times(a+b)\times(a+b)$となります。ではこの式を展開した結果、$a^3b^2$の係数（文字の前につく数字のことです）はいくつになるか考えてみましょう。

上の式を展開するとは、それぞれの因数（かけられる5つの$(a+b)$それぞれを「因数」といいます）から、aかbのどちらかを選んでかけるという処理になるはずです。すると、たとえば「1つめの因数からa」→「2つめの因数からb」→「3つめの因数からa」→「4つめの因数からa」→「5つめの因数からb」と選んだ場合、これでa^3b^2に1という係数が発生することになります。ということは、a^3b^2の係数とはつまり、

$(a+b)\times(a+b)\times(a+b)\times(a+b)\times(a+b)$の5つの因数からの、$a$と$b$の選び方の数に一致するはずです。つまり、5つの中のどの3つからaを選ぶか、と同じことになり、これは先ほどの組合せの式を使うことで、

${}_5C_3=\dfrac{5!}{(5-3)!3!}=\dfrac{5!}{2!3!}=\dfrac{5\times4}{2\times1}=10$通りの選び方があると計算できます。そして、これがそのままa^3b^2の係数と一致します（確かに、①式でのa^3b^2の係数は10ですね！）。

なお、5つの中から3つaを選べば、残り2つは必然的にbを選ぶことになるので、bのことを考える必要はありません。なお、「5つの中から2つbを選ぶ」と考えても、結果は${}_5C_2=\dfrac{5!}{(5-2)!2!}=\dfrac{5!}{3!2!}=\dfrac{5\times4}{2\times1}=10$と同じ値になります。

では、一般化し$(a+b)^n$の展開を考えてみましょう。まず最初にa^nがきますが、これはすべての因数からaを選ぶことになるので、その選び方は1通りです。すなわち、a^nの係数は1です。

続いて$a^{n-1}b$がきますが、この項の係数はどうでしょう？（「項」とは、展開した式の＋や－で結ばれたひとつひとつの部分をいいます）。これは、n個ある因数の中のどの$n-1$個からaを選ぶかと考え、${}_nC_{n-1}$となります。

同様に考えることで、$a^{n-2}b^2$の係数は${}_nC_{n-2}$、$a^{n-3}b^3$の係数は${}_nC_{n-3}$と続いていきます。

では、終わりのほうはどうでしょう？　一番最後の項はb^nですが、これはすべての因数からbを選ぶことになるので、係数は1です。また、そのひとつ手前のab^{n-1}という項の係数は、${}_nC_1$になりますね。

以上より、二項定理の一般式は次で表されることがわかります。

$$(a+b)^n={}_nC_na^n+{}_nC_{n-1}a^{n-1}b+{}_nC_{n-2}\,a^{n-2}b^2+\cdots\cdots+{}_nC_1ab^{n-1}+{}_nC_0b^n$$

なお、ここではa^nの係数が${}_nC_n$、b^nの係数が${}_nC_0$となっています。${}_nC_n$は、「n個の中からn個（全部）選ぶ選び方」なので${}_nC_n=1$、${}_nC_0$は、「n個の中から1個も選ばない選び方」なので${}_nC_0=1$となるため、結局同じことを表しています。a^nの係数を${}_nC_n$、b^nの係数を${}_nC_0$としたほうが、統一性があって美しいですよね！

剰余の定理

第５問、第６問

剰余の定理とは、ある数式を$P(x)$（$P(x)$とは、xという変数で表された式を表しています）としたとき、$P(x)$を$x-\alpha$という式で割った余りについて述べています。剰余の定理の結論は、次のとおりです。

> $P(x)$を$x-\alpha$で割った余りは、$P(\alpha)$

ここで$P(\alpha)$とは、$P(x)$のxに数値αを代入したときの値のことです。

これはたとえば、$P(x)=x^3+3x^2-4x+1$ という式を $x-2$ で割ると、その余りは $P(2)=2^3+3\cdot2^2-4\cdot2+1=8+12-8+1=13$ になり、$x+1$ で割った余りは、
$P(-1)=(-1)^3+3\cdot(-1)^2-4\cdot(-1)+1=-1+3+4+1=7$ になるということをいっています。

右のように、実際 $P(x)\div(x-2)$ を筆算で計算すると、確かに余りが13であることが確認できます。

$$
\begin{array}{r}
x^2+5x+6 \\
x-2\,\overline{)\,x^3+3x^2-4x+1} \\
\underline{x^3-2x^2} \\
5x^2-4x \\
\underline{5x^2-10x} \\
6x+1 \\
\underline{6x-12} \\
13
\end{array}
$$

では、なぜこういえるのでしょうか？
考えてみましょう。

$P(x)$ を $x-\alpha$ で割ったときの商を $Q(x)$、余りを r とします（$x-\alpha$ は x の1次式ですが、1次式で割った場合の余りは、必ず x がつかない定数になります）。このとき、これらについて以下の関係式が成り立ちます。

$$P(x)=Q(x)\cdot(x-\alpha)+r \qquad \cdots\cdots①$$

これはたとえば、「17÷5＝3余り2」という関係が、17＝5×3+2という式で表されることと同じです。

そして、この①式はすべての x についていえますので、ある特定の x に関しても成り立つはずです。ここで、①式に $x=\alpha$ を代入すると、

$$P(\alpha)=Q(\alpha)\cdot(\alpha-\alpha)+r$$

となりますが、$\alpha-\alpha=0$ なので、

$$P(\alpha)=Q(\alpha)\cdot0+r=r$$

つまり、余り r は $P(\alpha)$ と等しいことがわかります。

これで、剰余の定理が説明できましたね！

数式問題

第1問

$x+y+z=\frac{1}{x}+\frac{1}{y}+\frac{1}{z}=1$ のとき、$(x+y)(y+z)(z+x)$

$=$ □ である。

（神戸女子大学）

解法の道しるべ

◆見た目はシンプルですが、いろいろなアプローチの仕方が考えられそうな問題です。

最初に思いついた方法で解いていくのもよいですが、数学を考える際には、「もっとうまい方法はないか？」という代案を常に意識しておくことが非常に重要です。答えが出せた人も、「別の方法でも解くことはできないか？」と、もう一度考えてみるとよいでしょう。

◆x, y, z の文字をそれぞれ入れ替えても、もとの式と変わらない式を「対称式」といいます。また文字が3つの場合、$x+y+z$, $xy+yz+zx$, xyz を基本対称式といい、すべての対称式を変形すると基本対称式のみで表すことができます（本問は文字が3種類ですが、2種類（たとえば x と y）の場合は、基本対称式は $x+y$ と xy の2つで、すべての対称式はこの2つの基本対称式で表すことができます）。

◆数学では、「具体的な数字を入れてシミュレーションしてみる」と有効な場合が多くあります。本問の場合、$x+y+z=\frac{1}{x}+\frac{1}{y}+\frac{1}{z}=1$ を満たす

具体的な x, y, z を探して見つければ、その x, y, z を $(x+y)(y+z)(z+x)$ に代入することで、一応答えを得ることはできます。

ただし、「ある」x, y, z を考えただけでは、それ以外の x, y, z については一切議論できていないので、それが答えのひとつにはなり得ても、それ以外の答えがあるかどうかまでは実証できません。よって、(穴埋め問題で答えが1個とわかっている場合の「裏ワザ」としては有効ではありますが) 解答としては不十分です (というより、数学的には完全に「誤り」です)。

シミュレーションは有効ではありますが、あくまで「参考」にしたり「方針」を立てたりするためのものであって、それで「答えが出せた」とすることはできませんので、注意しておきましょう。

解説 “対称性”を保ちながら式の変形をする

本来であればどこから手をつけるかの検討をしてから進めたいところですが、ここではひとまず求めたい式を展開してみましょう。

$$(x+y)(y+z)(z+x) = (xy+xz+y^2+yz)(z+x)$$
$$= xyz + x^2y + xz^2 + x^2z + y^2z + xy^2 + yz^2 + xyz$$

……①

「とりあえず」展開してみました。この先、$x+y+z=\frac{1}{x}+\frac{1}{y}+\frac{1}{z}=1$ の条件を使って上の式の値を求めるわけですが、ここで方針に迷うかもしれません。

本問のポイントは、【解法の道しるべ】で述べた「基本対称式」をうまく使えるかどうかです。

$x+y+z=1$ (……②) の左辺はすでに基本対称式ですが、
$\frac{1}{x}+\frac{1}{y}+\frac{1}{z}=1$ の左辺は基本対称式になっていませんね。これを基本対称式の形に書き直すというのが本問の大きなポイントです。

文字が3種類ある場合の基本対称式が $x+y+z$, $xy+yz+zx$, xyz であることが頭にあれば、$\frac{1}{x}+\frac{1}{y}+\frac{1}{z}=1$ の両辺に xyz をかけることにより、

$$\left(\frac{1}{x}+\frac{1}{y}+\frac{1}{z}\right)\times xyz=1\times xyz$$
$$xy+yz+zx=xyz \qquad \cdots\cdots③$$

を導くことができるでしょう。これで３つの基本対称式がそろいましたね！

では、これらを使って①の式を計算していきましょう。

①には xyz が２つ見えるので、ここに③式を代入してみましょう。すると、

$$\begin{aligned}(x+y)(y+z)(z+x)&=\underset{\sim\sim}{xyz}+x^2y+xz^2+x^2z+y^2z+xy^2+yz^2+\underset{\sim\sim}{xyz}\\&=x^2y+xz^2+x^2z+y^2z+xy^2+yz^2+\underset{\sim\sim\sim\sim\sim\sim\sim\sim}{2(xy+yz+zx)}\end{aligned}$$

となります。さて、この先はどうしましょう？

文字式を整理する場合、ある文字に注目して、その文字を次数が高いものから順に並べると考えやすいことが多いです（これを「降べきの順に並べる」といいます）。いまはどの文字も同じ次数なので、x を基準に並べかえてみましょう。

$$\begin{aligned}(x+y)(y+z)(z+x)&=x^2y+xz^2+x^2z+y^2z+xy^2+yz^2+2(xy+yz+zx)\\&=(y+z)x^2+(y^2+z^2+2y+2z)x+y^2z+2yz+yz^2\end{aligned}$$
$$\cdots\cdots④$$

うーん、この先①式や③式を使って（③は一度使いましたが、またもう一度使うかもしれません）、この式をキレイにしていくわけですが、ちょっと雲行きが怪しそうです。

ここでもしかしたら、「④式の最初の $y+z$ は、②式から $y+z=1-x$ とできるので…」と発想するかもしれません。ただ、代入したとして、その先はどう進めましょうか…？

このまま式をやりくりしながら答えまで導くこともできなくはないですが、ここでもう一度、求めたい式に戻ってみましょう。よくよく見れば、$(x+y)(y+z)(z+x)$ のそれぞれの（　）の中は、$x+y+z=1$ を使って式変形できるじゃないですか！（最初からこの発想ができた人は素晴らしい

です！）この方針だとゴールが見えてくるかもしれないですね。計算を進めてみましょう。

$$(x+y)(y+z)(z+x)=(1-z)(1-x)(1-y)$$
$$=(1-x-z+xz)(1-y)$$
$$=1-y-x+xy-z+yz+xz-xyz \quad \cdots\cdots⑤$$

と展開できます。（④式と比べると、この時点でずいぶんスッキリしていますね！）

では、この⑤式を②と③を使って整理していきましょう。

$$(x+y)(y+z)(z+x)=1-y-x+xy-z+yz+xz-xyz$$
$$=1-(x+y+z)+(xy+yz+zx)-xyz$$

ここで、②より $x+y+z=1$、③より $xy+yz+zx=xyz$ なので、これらを代入すると

$$(x+y)(y+z)(z+x)=1-(x+y+z)+(xy+yz+zx)-xyz$$
$$=1-1+xyz-xyz$$
$$=0$$

となり、答えが0と求められました！（美しいですね…！）

答え

0

振り返り

対称式の問題の場合、ある文字に注目して処理するよりも、3つの文字を「同等」に扱うことで道が開けることが多くあります。たとえば、④式は x を中心に式を捉えていますが、⑤式では、x, y, z をまったく同等に扱っているのがわかると思います。

すべて同時に処理する、というのはひとつずつ順番に処理するより難しく感じがちですが、本問のように時に大きな威力を発揮することがあります。

$(x+y)(y+z)(z+x)=(1-z)(1-x)(1-y)$の式変形に「はっ！」と気づけば、気持ちがいいものですね!!

【解法の道しるべ】で触れたシミュレーションについても触れておきましょう。$x+y+z=\frac{1}{x}+\frac{1}{y}+\frac{1}{z}=1$を満たす具体的な$x$，$y$，$z$として、たとえば$x=1$，$y=1$，$z=-1$があります。これを$(x+y)(y+z)(z+x)$に代入すると、

$$(1+1)\{1+(-1)\}\{(-1)+1\}=2\times0\times0=0$$

となり、本問の答えと一致しますね！

ただ、【解法の道しるべ】でも述べたように、これはあくまである特定のx，y，zの場合しか考慮していませんので、このシミュレーションで0を「答え」としてしまうのは誤りです。なぜなら、0以外の答えがもしかしたら存在するかもしれませんが、それについてはこの考え方では何も言及できていないからです。

【解答】では条件を満たすすべてのx，y，zを扱っていますので、こちらの考え方が「正解」です。単なる「答え」だけでなく「考え方」も正しくないと数学的に正しいとはいえないわけですね。

第2問

$y+\dfrac{1}{z}=1$, $z+\dfrac{1}{x}=1$ のとき、$x+\dfrac{1}{y}$ の値を求めよ。

（広島工業大学）

解法の道しるべ

◆今回は、【第1問】とは違い、「対称式」ではないですね。なぜかというと、$y+\dfrac{1}{z}=1$ の y と z を入れ替えた式 $z+\dfrac{1}{y}=1$ が成り立つかどうかはまったくわからないからです（もしかしたら成り立つのかもしれませんが、この時点では不明です）。

ですので、【第1問】と同じような処理は難しいでしょう。

◆複数の文字を含んだ式を処理していく際の基本は「ある文字を消去し、文字の種類を少なくしていく」ことです。たとえば本問では、最終的には $x+\dfrac{1}{y}$ を求めたいので、z を消去することを目指す、といった発想ですね。

◆今回は、x とか y の個別の値は必要ではなく、$x+\dfrac{1}{y}$ の値さえわかればよいので、そのためにどんな処理を行うかがカギになってきます（つまり、x や y のそれぞれの値はわからなくても答えは出るかもしれない、という頭で考えていくということです）。

解説　“求めたい式に表れない文字”を消去する

【解法の道しるべ】でふれたとおり、まず求めたい式に含まれていないzを消去するという方針で進めてみましょう。

文字消去の基本は、「代入」です。すなわち、$y+\frac{1}{z}=1$（……①）か$z+\frac{1}{x}=1$（……②）のどちらかを「$z=$」の形にして、もう一方の式に代入することでzを消去します。

ここでは、②の式を変形し、

$$z=1-\frac{1}{x}=\frac{x-1}{x} \quad \cdots\cdots③$$

としてみましょう。このzをそのまま①式に代入してもよいのですが、①は$\frac{1}{z}$の形になっているので、③の逆数（分数の分子と分母をひっくり返した数）をとって、代入するのがスムーズでしょう。

すなわち、③式より$\frac{1}{z}=\frac{x}{x-1}$とし、これを①に代入します。すると、

$$y+\frac{x}{x-1}=1 \quad \cdots\cdots④$$

ですね。これをもとに、求めたい$x+\frac{1}{y}$を計算します。

ここから先の方法として、2通りを考えてみましょう。ひとつは、④式を変形して直接$x+\frac{1}{y}$を求める方法、もうひとつは、④を「$x=$」の式か「$y=$」（あるいは「$\frac{1}{y}=$」）の式にして、$x+\frac{1}{y}$に代入するという方法です。

ここでは、発想しやすい代入する方法で進めてみましょう（直接$x+\frac{1}{y}$を求める方法は、【振り返り】で紹介しています）。ところで、どちらの文字を代入するかですが、④を「$x=$」に変形するよりも「$\frac{1}{y}=$」に変形するほうがラクそうなので、そちらで進めていきます。

$y+\frac{x}{x-1}=1$の$\frac{x}{x-1}$を右辺に移項することにより、

$$y=1-\frac{x}{x-1}=\frac{(x-1)-x}{x-1}=-\frac{1}{x-1}$$

となるので、

$$\frac{1}{y}=-(x-1)=-x+1 \quad \cdots\cdots⑤$$

です。これを $x+\dfrac{1}{y}$ に代入すると、$x+\dfrac{1}{y}=x+(-x+1)=1$
となり、1が答えです！

答え

1

振り返り

$y+\dfrac{1}{z}=1$ と $z+\dfrac{1}{x}=1$ から、$x+\dfrac{1}{y}$ もきっと1なんじゃないか、と推測はできるかもしれませんが、それはあくまで「推測」なので、数学的に正しいかどうかはきちんと示す必要があります。

ただ、「推測」する力も数学で大事ではあるので、「おそらく1が答えなんじゃないかな…」と思いながら、論理を組み立てていき、最終的に「やっぱり1だった！」という姿勢は大切です。

【第1問】で触れたシミュレーションについて、本問でも検討してみましょう。

$y+\dfrac{1}{z}=1$, $z+\dfrac{1}{x}=1$ を満たす x, y, z として、たとえば $y=2$, $z=-1$, $x=\dfrac{1}{2}$ があります（$x=\dfrac{1}{2}$ のとき、$\dfrac{1}{x}=2$ です）。このとき、
$x+\dfrac{1}{y}=\dfrac{1}{2}+\dfrac{1}{2}=1$ となり、確かに本問の答えと一致することがわかります。ただ、繰り返しになりますが、これはあくまで「参考情報」であって、厳密に答えを求めたことにはならないので注意しましょう。

また、今回は④式から $\dfrac{1}{y}$ をつくって $x+\dfrac{1}{y}$ に代入する方法をとりましたが、④を変形した⑤の式で右辺の $-x$ を左辺に移項してやることで、代入せずとも直接

$$x+\frac{1}{y}=1$$

を求めることも可能ですね！（気づけばこちらのほうがスマートです）

第3問

実数 α, β, γ が $\alpha+\beta+\gamma=3$ を満たしているとし、$p=\beta\gamma+\gamma\alpha+\alpha\beta$, $q=\alpha\beta\gamma$ と置く。

(1) $p=q+2$ のとき、α, β, γ の少なくとも1つは1であることを示せ。

(2) $p=3$ のとき、α, β, γ はすべて1であることを示せ。

(1996年　大阪市立大学)

解法の道しるべ

(1)

◆「実数」とは、整数、分数、小数、無理数（$\sqrt{\ }$や円周率πなど）をすべて含む数のことをいいます（本書では扱いませんが、2乗してマイナスになる数を虚数といいます。虚数は実数には入りません）。

◆p や q はあくまで便宜上の文字で、それぞれ $p=\beta\gamma+\gamma\alpha+\alpha\beta$, $q=\alpha\beta\gamma$ のことです。よって本問は、「$\alpha+\beta+\gamma=3$ かつ $\beta\gamma+\gamma\alpha+\alpha\beta=\alpha\beta\gamma+2$ のとき、α, β, γ の少なくとも1つは1であることを示せ」という問題と同じですね。

◆「少なくとも1つは1である」ことをどのような計算処理で示すのか、が本問の難しいところです。

もしある実数 x, y, z が $xyz=0$ を満たしていれば、x, y, z のうち少なくとも1つは必ず0であるはずです。もし x, y, z がすべて0でない数であれば、それらをかけて0になることは絶対にあり得ないからです。

ではこれを踏まえて、「α, β, γ の少なくとも1つは1である」ことはどのような式で表されるでしょうか？　$\alpha\beta\gamma=1$ でしょうか？　いや、これは違いますね。たとえば、$\alpha=2$, $\beta=3$, $\gamma=\frac{1}{6}$ はかけて1ですが、α, β, γ はどれも1ではありません。あくまで数をかけた結果が「0」のケースでしか、この考え方は適用できません。

ここで発想の転換をしてみましょう。「α, β, γ の少なくとも1つは1である」ことは、「$\alpha-1$, $\beta-1$, $\gamma-1$ の少なくとも1つは0である」のと同じです！　なので…。

(2)

◆本問でも、p とは $\beta\gamma+\gamma\alpha+\alpha\beta$ のことなので、「$\alpha+\beta+\gamma=3$ かつ $\beta\gamma+\gamma\alpha+\alpha\beta=3$ のとき、α, β, γ はすべて1であることを示せ」という問題と同じです。

◆(1)は「少なくとも1つは1であること」を示させ、(2)では「すべて1であること」を示させているのが、本問のオシャレなところですね。このあたりで「ニヤ」ッとできれば、あなたにもきっと数学好きの素質が備わっています（笑）。

とまあ、それはさておき、どう本問を攻略していきましょう？

(1)でのヒントとして、「x, y, z が $xyz=0$ を満たしていれば、x, y, z のうち少なくとも1つは必ず0」であることから発想を進めていきました。では同様に、「x, y, z がすべて0」となるような x, y, z を含む式として、どんなものが考えられるでしょうか？

すべての実数は、2乗すると必ず0以上の数になります。そして、0以外の実数は、2乗すると必ず正の数になります。2乗しても正にならない唯一の実数、それが0です（0は「正の数」に含まれません）。

では、「x, y, z がすべて0」であるとき、どんな式で表されるでしょう？　それは、$x^2+y^2+z^2=0$ です！

本問は、「α, β, γ がすべて1」であることを示します。

もうおわかりですか？　(1)を思い出してください。「α, β, γ がすべて1」とは、「$\alpha-1$, $\beta-1$, $\gamma-1$ がすべて0」と同じことです。

そうすると、どんな式を扱うのがよいでしょうか…？

解説 「少なくとも1つは1」と「すべて1」の処理に注目！

(1)

【解法の道しるべ】で確認したように、「α，β，γ の少なくとも1つは1である」ことを示すために、「$\alpha-1$，$\beta-1$，$\gamma-1$ の少なくとも1つは0である」ことを目指していきましょう。

そして、「$\alpha-1$，$\beta-1$，$\gamma-1$ の少なくとも1つは0である」ことは、

$$(\alpha-1)(\beta-1)(\gamma-1)=0$$

という式と同じことを表していました。

したがって(1)は、$\alpha+\beta+\gamma=3$ と、$\beta\gamma+\gamma\alpha+\alpha\beta=\alpha\beta\gamma+2$ を使って、$(\alpha-1)(\beta-1)(\gamma-1)$ が0であることを示せばよい、という問題に置き換えることができます！（「与えられた日本語の文章を数式でどう表すか」を考えることは、数学の問題を解く上で大きなポイントです。）

こうなればあとは、0を目指して式を展開していくだけです。やってみましょう。

$$\begin{aligned}(\alpha-1)(\beta-1)(\gamma-1)&=(\alpha\beta-\alpha-\beta+1)(\gamma-1)\\&=\alpha\beta\gamma-\alpha\beta-\alpha\gamma+\alpha-\beta\gamma+\beta+\gamma-1\\&=\alpha\beta\gamma-(\alpha\beta+\beta\gamma+\gamma\alpha)+(\alpha+\beta+\gamma)-1\\&=\alpha\beta\gamma-(\alpha\beta\gamma+2)+3-1\\&=-2+3-1=0\end{aligned}$$

これでめでたく、$(\alpha-1)(\beta-1)(\gamma-1)=0$ がいえました！　つまりこれで、$\alpha-1$，$\beta-1$，$\gamma-1$ の少なくとも1つは0であることが示せたことになります。つまり、α，β，γ の少なくとも1つは1であることが示せましたね！　美しい！

(2)

こちらも、【解法の道しるべ】で確認したように、「α，β，γ がすべて1である」ことを示すためには、「$\alpha-1$，$\beta-1$，$\gamma-1$ がすべて0である」

ことを示せばよく、さらにこれは、

$$(\alpha-1)^2+(\beta-1)^2+(\gamma-1)^2=0$$

であることと同じでした（α，β，γ のうちどれか1つでも1以外のものがあれば、その時点で$(\alpha-1)^2+(\beta-1)^2+(\gamma-1)^2$が0になることは絶対にあり得ないからです）。

つまり本問は、$\alpha+\beta+\gamma=3$ と $\beta\gamma+\gamma\alpha+\alpha\beta=3$ を使って、$(\alpha-1)^2+(\beta-1)^2+(\gamma-1)^2$が0であることを示す問題に置き換えることができます。

あとはこれをどう示すかです。ひとまず展開してみましょう。

$$\begin{aligned}(\alpha-1)^2+(\beta-1)^2+(\gamma-1)^2&=\alpha^2-2\alpha+1+\beta^2-2\beta+1+\gamma^2-2\gamma+1\\&=\alpha^2+\beta^2+\gamma^2-2(\alpha+\beta+\gamma)+3 \quad \cdots\cdots①\end{aligned}$$

ここで止まるかもしれません。$\alpha+\beta+\gamma$ は3でいいとして、$\alpha^2+\beta^2+\gamma^2$ をどう処理するかです。$\beta\gamma+\gamma\alpha+\alpha\beta=3$ はまだ使っていませんので、これをうまく使えないでしょうか？

ここで、【基本定理・公式】編で見た次の展開公式(8)（16ページ）を思い出してみましょう。a，b，c が α，β，γ に置き換わっていますが、

$$(\alpha+\beta+\gamma)^2=\alpha^2+\beta^2+\gamma^2+2(\alpha\beta+\beta\gamma+\gamma\alpha)$$

これによって、

$$\begin{aligned}\alpha^2+\beta^2+\gamma^2&=(\alpha+\beta+\gamma)^2-2(\alpha\beta+\beta\gamma+\gamma\alpha)\\&=3^2-2\times3=3\end{aligned}$$

と計算できますね！　よって①式は、

$$\begin{aligned}(\alpha-1)^2+(\beta-1)^2+(\gamma-1)^2&=\alpha^2+\beta^2+\gamma^2-2(\alpha+\beta+\gamma)+3\\&=3-2\times3+3=0\end{aligned}$$

となり、めでたく$(\alpha-1)^2+(\beta-1)^2+(\gamma-1)^2=0$が示せました！

よってここから、「α，β，γ がすべて1である」ことが結論づけられますね！

答え

【解説】参照。

振り返り

「α，β，γ の少なくとも１つは１」であることや、「α，β，γ がすべて１」であることを示すために、本問の解説のような処理はよく行われますが、初めて触れる人には発想が難しかったかもしれません。

ただ本書の目的は「数学を解けるようになる」ことでなく「数学を楽しむ」ことですので、そういった意味では「なるほどね〜」と感じてもらえたのならそれで十分です（「解けない」ことはまったく問題ではありません。ぜひ数学を「感じて」みてください！）。

特に本問のようなシンプルながら証明するのが困難な問題に対し、このようにちょっとした数学的なテクニックを入れることでスルスルと問題がほどけていく様子は、なかなか気持ちのいいものです。ぜひ本問をとおし、数学の面白みを感じてもらえたらと思います！

第4問

$(1+x+x^2+x^3+x^4)^{10}$ を展開したときの x^4 の係数を求めよ。

(1993年　京都大学の出題をもとに著者が問題を改編。以下(改)とする)

解法の道しるべ

◆$(1+x+x^2+x^3+x^4)^{10}$ とは当然、$1+x+x^2+x^3+x^4$ を10回かけたものです。その中には $x^{\square}$（x の□乗）という項がたくさん表れてきますが、その中にある x^4 の係数を求める問題です。

まさか、一生懸命紙の上ですべて展開する、というのは現実的ではないでしょう。本問は x の4乗の部分だけわかればいいので（それ以外は見なくていいので）、式を全部展開する必要はありませんね。

◆より単純な式で考えてみましょう。たとえば、$(1+x+x^2)^3$ を展開した場合の、x^2 の係数はどうなるでしょうか？　これを考えてみましょう。

このように、数学では複雑な設定がなされたときに、よりシンプルな設定に置き換えて、それがどう展開されていくのかを考えることは非常に有効です。その中で糸口や規則性が見えることがよくあります。これはひょっとしたらビジネスでも同じことがいえるかもしれませんね！

3乗を、累乗を使わずに表現すると、

$$(1+x+x^2)^3=(1+x+x^2)\times(1+x+x^2)\times(1+x+x^2)$$

となります。これをがんばって展開してみましょう。何か見えてくるかもしれません。

$$\begin{aligned}(1+x+x^2)^3&=(1+x+x^2)\times(1+x+x^2)\times(1+x+x^2)\\&=1\times1\times1+1\times1\times x+1\times1\times x^2+1\times x\times1+1\times x\times x\\&\quad+1\times x\times x^2+1\times x^2\times1+1\times x^2\times x+1\times x^2\times x^2+\cdots\cdots\end{aligned}$$

目が痛くなりそうですね…(笑)。これはまだほんの序盤で、まだまだ先は続きます。

上式は、最初の因数（それぞれの（　）を「因数」といいます）から1を選んで、2つめの因数と3つめの因数からそれぞれ1，x，x^2を選んだすべてのパターンをかけています。全部で、3×3の9個の項が表れてきました（+でつながれたそれぞれの部分を「項」といいます）。ちなみに、1つめの因数からは1を選ぶパターンとxを選ぶパターンとx^2を選ぶパターンもあるので、展開したとき、式を整理する前の項は3×3×3で27個表れることがわかります。

さて、この中でx^2となるのはどれでしょう？　まず、1つめの因数から1、2つめの因数から1、3つ目の因数からx^2を選んだ場合が見えますね。次は、1つめの因数から1、2つめの因数からx、3つめの因数からxを選んでも、x^2がつくれます。そして、1つめの因数から1、2つめの因数からx^2、3つ目の因数から1を取ってもx^2です。

上の展開式では途中でやめましたが、1つめの因数からx、2つめの因数から1、3つめの因数からxを選んでも、x^2がつくれます。

つまり、3つある因数から、$(1, 1, x^2)$という選び方と、$(1, x, x)$という選び方でx^2がつくれることがわかります。そして、$(1, 1, x^2)$のパターンは、どの因数からx^2を選ぶかで3パターン、$(1, x, x)$もどの因数から1を選ぶかで3パターンあります。そして、その選び方がそのまま最終的な展開式のx^2の係数に一致するため、答えは6です！

【解法の道しるべ】から説明が長くなってしまいました…。ただ、本問を攻略する上でのエッセンスはこれで感じてもらえたのではないかと思います。

◆さあ、ではいよいよ本番、$(1+x+x^2+x^3+x^4)^{10}$のx^4の係数です。展開したときに、10個ある因数の中からどのように選べばx^4がつくれるかを考えていけばいいわけですね。

さあ、考えてみましょう！

解説　因数の展開に「組合せ」の式をうまく使う

【解法の道しるべ】で見たように、$(1+x+x^2+x^3+x^4)^{10}$ を展開したときに、それぞれの因数からどの項（x の何乗か）を選ぶことで x^4 がつくれるかを考えていきます。

さて、このような x の次数の選び方は、どんなパターンがあるでしょうか？　すべて挙げることはできますか？

正解は、全部で以下の5つのパターンがあります。

(i)　9個の因数から1を選び、1個の因数から x^4 を選ぶ

(ii)　8個の因数から1、1個の因数から x、1個の因数から x^3 を選ぶ

(iii)　8個の因数から1、2個の因数からそれぞれ x^2 を選ぶ

(iv)　7個の因数から1、2個の因数から x、1個の因数から x^2 を選ぶ

(v)　6個の因数から1、4個の因数から x を選ぶ

この5つですね！

では、それぞれについて、その選び方が何通りあるのかを考えていきましょう。

まず(i)「9個の因数から1を選び、1個の因数から x^4 を選ぶ」場合です。これは、10個の因数のうちのどこから x^4 を選ぶかで、10通りのパターンがあります。つまり、このような選び方で得られた x^4 が10個あることになりますね。

次に(ii)「8個の因数から1、1個の因数から x、残り1個の因数から x^3 を選ぶ」場合です。こちらはどうでしょう？　まず、どの因数から x を選ぶかで10通り、そして残りの9個の因数から、どこで x^3 を選ぶかで9通りの選び方があります。どこで x を選んだかのそれぞれについて x^3 の選び方があるので、全部で $10\times9=90$ 通りの選び方があります。

(iii)は、「8個の因数から1、2個の因数からそれぞれ x^2 を選ぶ」場合で

す。これは10個の因数のうちどの2個からx^2を選ぶかの選び方なので、【基本定理・公式】(19ページ)で見た「組合せ」の式を使えばよいのです。つまり、10個の中から2個選ぶ選び方は、

$$ {}_{10}C_2 = \frac{10!}{(10-2)!2!} = \frac{10!}{8!2!} = \frac{10\times 9}{2\times 1} = 45 \text{ 通り} $$

となります。

(iv)の「7個の因数から1、2個の因数からx、1個の因数からx^2を選ぶ」場合はどうでしょう？　まず10個の因数のどの1個からx^2を選び、その後残り9個の因数のどの2個からxを選ぶか、とすると考えやすいでしょう。つまり、

$$ 10\times {}_9C_2 = 10\times\frac{9!}{(9-2)!2!} = 10\times\frac{9!}{7!2!} = 10\times\frac{9\times 8}{2\times 1} = 360 \text{ 通り} $$

となります。

ではいよいよ最後です。(v)「6個の因数から1、4個の因数からxを選ぶ」場合です。これは10個の中から4個選ぶ選び方なので、「組合せ」の式を使えば一発ですね！

$$ {}_{10}C_4 = \frac{10!}{(10-4)!4!} = \frac{10!}{6!4!} = \frac{10\times 9\times 8\times 7}{4\times 3\times 2\times 1} = 210 \text{ 通り} $$

となります。

それぞれの選び方1つずつに対し、x^4の係数が1増えるので、これら(i)〜(v)の場合の数をすべて足したものが、そのままx^4の係数になります。

よって答えは、

$$ 10+90+45+360+210=715 $$

です！

答え

715

振り返り

この問題を見たとき、ひょっとしたら「$(1+x+x^2+x^3+x^4)^{10}$ の x^4 だったら、そんなに大きくならなさそうだから、数え上げてもよさそうだな」と考えた方もいるかもしれません。ところが、答えは715とかなり大きな数字になります！

【解法の道しるべ】で$(1+x+x^2)^3$の展開を考えましたが、展開後に表れる整理する前の項の数は、これでも27個（$3^3=3\times3\times3$）と、かなり多いのです。では、$(1+x+x^2+x^3+x^4)^{10}$ではその展開後の整理する前の項の数はどうなるかというと、5^{10}個です。これだとあまりピンとこないかもしれませんが、なんと、$5^{10}=5\times5\times5\times5\times5\times5\times5\times5\times5\times5=9765625$個（約1000万個！）にもなります！　到底全部書ききれないですね。計算するのに何日かかるのでしょう？（笑）

なお本問で頻繁に使った「何通り」とか「組合せ」については、第4章の【確率問題】（170ページから）で、またたっぷりと使いますので、お楽しみに！

第5問

整式 $P(x)$ を $x-1$ で割ると余りが 1001 であり、その商を $x-11$ で割ると余りが 101 であった。$P(x)$ を $x-11$ で割った余りを求めよ。

（東京電機大学）

解法の道しるべ

◆整式の割り算に関する問題です。割られる式 $P(x)$ が具体的にわからなくても、余りだけなら求めることができます。

使うツールとしては【基本定理・公式】で紹介した「剰余の定理」（23ページ）が有効ですが、ただ単に結論を知っているだけではなく、このような問題に対応するためにも、その過程や背景を理解しておくことが重要です。

◆たとえば、「剰余の定理」より、「$P(x)$ を $x-1$ で割ると余りが 1001」であるとき、$P(1)=1001$ となりますが、これがわかったところで、そこから直接 $P(x)$ を $x-11$ で割った余りを求めることはできません。

また、同じく「剰余の定理」より $P(x)$ を $x-11$ で割った余りは $P(11)$ となりますが、これだけわかったとしてもどこにも進むことはできませんね。

◆ここで、剰余の定理「$P(x)$ を $x-\alpha$ で割った余りは $P(\alpha)$ となる」がなぜいえるのかをおさらいしておきましょう（それがそのまま本問の大きなヒントになります）。

$P(x)$ を $x-\alpha$ で割ったときの商（これも x の式になります）を $Q(x)$、余りを r とすると、$P(x)=Q(x)\cdot(x-\alpha)+r$ と表されます。ここで両辺の x に $x=\alpha$ を代入すると、

$$P(\alpha)=Q(\alpha)\cdot(\alpha-\alpha)+r=Q(\alpha)\cdot 0+r=r$$

となり、余り r は $P(\alpha)$ に等しくなります。

これが「剰余の定理」です。本問はこの「剰余の定理」の「考え方」を使って解いていくことになります（結論を知っているだけでなく、なぜそうなるのかの背景を理解しておかないと対応できない、ということです）。

解説 「剰余の定理」を上手に導き出して利用する

整式 $P(x)$ を $x-1$ で割ると余りが1001であることから、その商を $Q(x)$ とすると、

$$P(x)=Q(x)\cdot(x-1)+1001 \qquad \cdots\cdots①$$

と表されます。さらに、その商（いま設定した $Q(x)$）を $x-11$ で割ると余りが101であることから、同様に

$$Q(x)=R(x)\cdot(x-11)+101 \qquad \cdots\cdots②$$

と表されます（このときの商を $R(x)$ と置いています）。

これら2つの式を結びつけるために、②式の $Q(x)$ を①式に代入してみましょう。すると、

$$P(x)=\{R(x)\cdot(x-11)+101\}\cdot(x-1)+1001 \qquad \cdots\cdots③$$

となります。

いま求めたい「$P(x)$ を $x-11$ で割った余り」は、「剰余の定理」より $P(11)$ であることを思い出すと、③式に $x=11$ を代入するという発想が浮かんでくるでしょう。すなわち、

$$\begin{aligned}P(11)&=\{R(11)\cdot(11-11)+101\}\cdot(11-1)+1001\\&=101\cdot10+1001\\&=1010+1001=2011\end{aligned}$$

と計算されます。

よって「$P(x)$ を $x-11$ で割った余り」は、2011が答えです！

答え

2011

振り返り

本問は、「公式は結論を知っているだけでは不十分。なぜその結論にいたるのか、その過程を理解した上で使わなければならない」という教訓の最たる例です。

これは数学全般にいえることですが、表面上の解き方だけを知っておく、あるいは解法のパターンを暗記しておくだけでは、典型問題には対応できたとしても、難しい問題や深い理解を問う問題には太刀打ちできないということが往々にしてあります。そのような事態に陥らないために、公式や定理の背景を理解し、応用的に使いこなすということが大事になってきます。それでこそ、本来の意味で自由自在に武器を使える状態になるのです。

また、数学本来の面白さは、「自分で考える過程」にあります。パターン化された問題を「こなした」ところで、それは数学の本来の姿ではないような気がします。誤解がないようにお断りしておきますが、「基礎をおろそかにしてもいい」といっているわけではありません。基本パターンの定着は数学的な力をつけるためにもちろん重要です。ただ、「それだけでは不十分」だといいたいのです。

「自分の頭で数学を考える」楽しさを、ぜひ感じてもらえればと思います。そして、数学の解法に（いい意味での）自身の「個性」みたいなものが反映されてきたら、それは数学があなたのものになった、ひとつの証となるでしょう！

第６問

$x^{200}-1$ を $(x-1)^2$ で割ったときの余りを求めよ。

（学習院大学・改）

解法の道しるべ

◆【第５問】に続いて、整式の割り算の問題です。とてもじゃないですが、$(x^{200}-1)\div(x-1)^2$ を実際に筆算によって計算することは現実的ではありません。基本的には【第５問】と同じように、$(x-1)^2$ で割ったときの商と余りを設定し、「剰余の定理」的に適当な x を代入することで余りがどうなるかを求めるという流れになるでしょう。

◆整式の最高次の次数をもって、「整式の次数」と定義します。たとえば、整式 x^3+3x^2-2x+5 の次数は３次です。

また、整式の割り算を行った場合、余りの式の次数は、割る式の次数より小さくなります（余りの式の次数が割る式の次数と同じとき、さらに割ることができるからです）。つまり、今回は割る式が２次式（x の最高次は２次）なので、余りは１次以下の整式になるということです。

◆求める余りは１次以下の式なので、それを $ax+b$ と置くことができます（もし $a=0$ なら、余りは x がつかない定数になります）。そして、この a,b の値をそれぞれ求めることが本問のゴールになります。

また、$x^{200}-1$ を $(x-1)^2$ で割ったときの商を $P(x)$ とすると、与えられた条件より、

$$x^{200}-1=P(x)\cdot(x-1)^2+ax+b$$

と表すことができますね。

また、この式はすべての x で成り立つ式なので、x に適当な値を代入しても等式は保持されます。どんな値を代入すれば、うまく a と b が求められるでしょうか？

解説 求めた条件を使って、新たな等式を導き出す

【解法の道しるべ】で見たように、$x^{200}-1$を$(x-1)^2$で割ったとき、余りは1次以下の式になるので、それを$ax+b$と置きます。また商を$P(x)$とすると、以下の式が成り立ちます。

$$x^{200}-1=P(x)\cdot(x-1)^2+ax+b \quad \cdots\cdots①$$

これはすべてのxで成り立つので、適当なxを代入することでaとbをそれぞれ求めることを目指します。

ここでのポイントは、$P(x)$がどんな式かわからないので、この$P(x)$の部分をうまく消すようなxの値を代入することを考える、ということです。

すると、$x=1$を代入することが発想されるでしょう。すなわち①式より、

$$1^{200}-1=P(1)\cdot(1-1)^2+a\times1+b$$

となり、ここから

$$1-1=P(1)\cdot0+a\times1+b$$

よって、Pの部分がうまく消えてくれて、結果

$$a+b=0 \quad \cdots\cdots②$$

というaとbの関係式がひとつ得られます。

次にxに別の値を代入してaとbの関係式をもうひとつ導出し、②式と連立させることでaとbを求めることを考えたいのですが…。

うーん。いかんせん、うまくいきそうにありません。というのも、①式のxに1以外の数字を入れた場合、必ず$P(x)$が残ってしまい、aとbだけの式になってくれませんよね。

さあ、困りました。どうしましょう…？

ここでひとつお断りを。「微分」がわかる方は、ここで「微分」の発想

が出てくるかもしれません。その解法は素晴らしいのですが、本書ではその性質上「微分」は扱わないことにします。ですのでここでは「微分」による解法は紹介せず、他の方法を採ることにします。

②式から、$b=-a$ と、b を a で表すことができます。これを①式に代入してみることにしましょう。すると、

$$x^{200}-1=P(x)\cdot(x-1)^2+ax-a$$

となりますね。そうすると、あれ？　$ax-a$ の部分は、$a(x-1)$ と因数分解ができるので、ここにも $(x-1)$ の因数が出てきました！

$$x^{200}-1=P(x)\cdot(x-1)^2+a(x-1) \qquad \cdots\cdots③$$

です。

ここで、左辺を【基本定理・公式】（17 ページ）で取り上げた以下の因数分解に持っていくことができれば、突破口が見えてきます！

$$x^n-1=(x-1)(x^{n-1}+x^{n-2}+\cdots\cdots+x^2+x+1)$$

いま $n=200$ を考えることで、

$$x^{200}-1=(x-1)(x^{199}+x^{198}+\cdots\cdots+x^2+x+1)$$

がいえるので、これと③式より、

$$(x-1)(x^{199}+x^{198}+\cdots\cdots+x^2+x+1)=P(x)\cdot(x-1)^2+a(x-1)$$

と結べます。右辺全体 $(x-1)$ でくくると

$$(x-1)(x^{199}+x^{198}+\cdots\cdots+x^2+x+1)=(x-1)\{P(x)\cdot(x-1)+a\}$$

なので、結局

$$x^{199}+x^{198}+\cdots\cdots+x^2+x+1=P(x)\cdot(x-1)+a \qquad \cdots\cdots④$$

という等式を導き出すことができます！

さあ、ここからはどうしましょう？　そうです、④式に再び $x=1$ を代入することにより、右辺の $P(x)$ を消すことができますね！　すなわち、

$$1^{199}+1^{198}+\cdots\cdots+1^2+1+1=P(1)\cdot(1-1)+a$$

$$1+1+\cdots\cdots+1+1+1=a \qquad \cdots\cdots⑤$$

ですね。

⑤式の左辺の 1 は全部で何個あるでしょう？　もともと x を含んでい

た項が 199 個あって、あともうひとつ x がついていない 1 がありましたので、1 は全部で 200 個あることになりますね。

つまり、$a = 200$ とわかります！

また、②式から $b = -a$ でしたので、$b = -200$ ですね！

求めるのは割った余り、すなわち $ax + b$ なので、$200x - 200$ が求める答えとわかります！

答え

$200x - 200$

振り返り

整式の割り算の問題は、慣れていないと難しく感じるかもしれません。ただ、商の $P(x)$ がいったいどんな式なのか最後までわからなくても、余りは出る、というところが素敵ですよね(笑)。式の変形も含め、その独特の整式の扱い方を満喫してもらえたらと思います！

なお、【解説】でも少し触れましたが、「微分」を使う方法もスマートです。「微分」の扱いに慣れている方は、チャレンジしてみましょう！

第7問

7^{777} の下3桁を求めてみよう。まず、$7^4=2401$ であるから、
$7^{777}=2401^n\cdot 7$（ただし $n=$ [(1)]）である。ここで、二項定理を用いて、
$2401^n=(2400+1)^n=1000k+$ [(2)]（ただし k はある整数）となる。
したがって、7^{777} の下3桁は [(3)] である。

（東京理科大学）

解法の道しるべ

◆この問題のゴールは、「7^{777} の下3桁を求める」ことですね。ラッキー7（セブン）が777回もかけられた数字なんて、とっても縁起がよさそうですね(笑)。そして、そのためのヒントとしていくつかの問いが設定されています。⑴や⑵を考えることで、最終的に知りたい⑶を求めるという問題構成ですね。

◆本問の最大のポイントは、なんといっても「二項定理」でしょう。「二項定理」は、【基本定理・公式】（21ページ）で詳しく紹介していますが、ここでも軽くおさらいをしておきましょう。

$(a+b)^n$ を展開したとき、途中に $a^{\bigcirc}b^{\square}$ という項がたくさん出てきますが、その係数がそれぞれどう表せるのか、を示したものが二項定理です。すなわち、n 個ある $(a+b)$ という因数のうち、どの○個から a を選び、どの□個から b を選ぶか（当然、○＋□＝n です）を考えることにより、$a^{\bigcirc}b^{\square}$ の係数が ${}_n\mathrm{C}_{\bigcirc}$ と表されることになります。より数学っぽく、○＝k、□＝$n-k$ とした場合、a^kb^{n-k} の係数は ${}_n\mathrm{C}_k$ と表記され、展開した式をすべて書くと、

$$(a+b)^n={}_n\mathrm{C}_na^n+{}_n\mathrm{C}_{n-1}a^{n-1}b+{}_n\mathrm{C}_{n-2}a^{n-2}b^2+\cdots\cdots+{}_n\mathrm{C}_1ab^{n-1}+{}_n\mathrm{C}_0b^n$$

と表すことができます。

特に、上の式で $b=1$ とした場合、

$$(a+1)^n={}_n\mathrm{C}_na^n+{}_n\mathrm{C}_{n-1}a^{n-1}+{}_n\mathrm{C}_{n-2}a^{n-2}+\cdots\cdots+{}_n\mathrm{C}_1a+{}_n\mathrm{C}_0$$

という等式も成り立ちます。美しい形ですね！

◆本問は、(2)で二項定理を使うわけですが、そもそもなぜ二項定理を使うことで、7^{777} の下 3 桁を調べることができるのでしょうか？　そのひとつの手がかりとして、(2)の答えの前に、$1000k$（ただし k はある整数）というのが見えますね。これは、そう、下 3 桁にはまったく影響を与えない部分です。そして、これが二項定理とどうからんでくるのでしょうか？

誘導に従いながら、考えていきましょう！

解説 うまく誘導に乗ろう。「二項定理」の威力を感じて！

では、まず(1)から考えていきましょう。

最終的には 7^{777} の下 3 桁を答えたいのですが、いきなり唐突に「$7^4=2401$ なので」と出てきました！　確かに 7 を 4 回かけると 2401 になるわけですが、なぜいきなり 7^4 なのか…？　とりあえずここでは深く考えずに、(1)の答えを出すことに集中しましょう。

$7^{777}=2401^n\cdot 7$ の n を求める問題です。そして、2401 とは 7^4 でした。となると、2401^n は 7^4 を n 回かけたものなので、7 は全部で $4n$ 回かけられることになりますね。これにもうひとつ 7 をかけたものが 7^{777} ということは、右辺と左辺について 7 が何回かけられているかを考えて、$4n+1=777$ という関係が成り立つはずです。これを計算して $n=194$、これが(1)の答えです！

では、本問のメインとなる(2)に入りましょう。

(1)より $n=194$ とわかったので、(2)の n もこの値を利用して解いていくことにします。

問題文には「二項定理を用いて」とあって、次に $2401^n=(2400+1)^n$（$n=194$ なので、$2401^{194}=(2400+1)^{194}$）とあります。つまり、2401 という数字を 2400 と 1 にあえて分解しているわけですね。そして、二項定理を使ってくださいとわざわざいってくれているので、ここは素直に従ってみましょう。ちょうど前ページの【解法の道しるべ】で見た$(a+1)^n$のほうの展開を発想するとよいですね。二項定理で$(2400+1)^{194}$を展開してみます。

$$(2400+1)^{194} = {}_{194}C_{194}\cdot 2400^{194} + {}_{194}C_{193}\cdot 2400^{193}\cdot 1 + \cdots\cdots$$

まず、最初の2項はこんな感じになりますね。さて、ここで問題文と照らし合わせてみましょう。何かに気づきませんか？　そう、この2つの項は、全部$(2400+1)^{194} = 1000k + \boxed{}$の$1000k$のほうに入ってきますね！

${}_{194}C_{194}\cdot 2400^{194} = 2400^{194}$も、${}_{194}C_{193}\cdot 2400^{193}\cdot 1 = 194\cdot 2400^{193}$も、$1000\times\square$で書けるはずです。なので、これらの項は(2)の答えにはまったく影響を与えないということがわかります。

では、どの辺りが(2)の答えにかかわってくるのでしょう？　きっと、最後のほんのいくつかの項だけでしょうね。そこで、$(2400+1)^{194}$を二項定理で展開した、最後の4つの項（ちょっと余裕を持たせてみました）を考えてみることにしましょう。それ以前の項は、全部$1000k$のほうに含まれちゃうわけですね。

$$(2400+1)^{194} = {}_{194}C_{194}\cdot 2400^{194} + \cdots\cdots$$
$$+ {}_{194}C_3\cdot 2400^3\cdot 1^{191} + {}_{194}C_2\cdot 2400^2\cdot 1^{192} + {}_{194}C_1\cdot 2400\cdot 1^{193} + {}_{194}C_0\cdot 1^{194}$$

かなり余裕を持たせましたが、${}_{194}C_3\cdot 2400^3\cdot 1^{191}$の項は明らかに、$1000\times\square$で書けることになりますね。なので、ここは無視できます。そして同様に、${}_{194}C_2\cdot 2400^2\cdot 1^{192}$も$1000\times\square$で表せます。少し計算してみると、

$${}_{194}C_2\cdot 2400^2\cdot 1^{192} = \frac{194!}{192!2!}\times(24\times 100)^2 = \frac{194\times 193}{2\times 1}\times 24^2\times 100^2$$
$$= (97\times 193\times 24^2\times 10)\times 1000$$

となるので、ちゃんと$1000\times\square$で書けていますね。

さあ、残る2つの項が答えにかかわってきそうです。ここは愚直にそれぞれ計算する形でよいでしょう。つまり、

$${}_{194}C_1 \cdot 2400 \cdot 1^{193} = 194 \times 2400 = 465600$$

$${}_{194}C_0 \cdot 1^{194} = 1$$

です。よって、${}_{194}C_1 \cdot 2400 \cdot 1^{193} + {}_{194}C_0 \cdot 1^{194} = 465601$ ですが、このうち千の位以上は $1000k$ の中に込めることができます。すなわち、$465601 = 465 \times 1000 + 601$ であるため、(2)の答えは、601 とわかります！

では、最後に残る(3)です。本問の最終的なゴールである 7^{777} の下 3 桁を答えるわけですが、(2)が出れば、進める歩はほんの少しだけですね。

つまり、(1)より $7^{777} = 2401^{194} \cdot 7$ であることがわかり、(2)を使うことで、$7^{777} = (1000k + 601) \cdot 7$（ただし k は整数）と表せました。これを展開すると、$7^{777} = 7000k + 4207$ となり、$7000k$ の部分は下 3 桁に影響を与えないのですね。

よって、求める答えは、207 であることがわかります！

答え

(1)　194

(2)　601

(3)　207

振り返り

本問は、「7^{777} の下 3 桁を求めよ」という問いだけでは、いったいどう手をつければよいのか途方に暮れると思います。そこで「二項定理」というテクニックを使って解いてください、とヒントが与えられるわけです。しかも、$7^4 = 2401$ という通過点まで教えてくれています。

ここで、なぜ唐突に $7^4 = 2401$ が与えられたのかを考えてみましょう。2401 という数は、$2401 = 2400 + 1$ と分けて、その後二項定理を利用することで、百の位以下の数と、千の位以上をキレイに分けることができるのですね。これがたとえば、$7^3 = 343$ とか、$7^5 = 16807$ だと、こんなにスッキリとはいかなかったはずです。たまたま $7^4=2401$（下２桁の 01 がポイントです）が扱いやすかったので、あえてこのような式処理を行っていたわけですね。

このように数学では、考えにくいテーマについても適切な切り口を設定してやることで、上手に答えまで導けるということが多くあります。この「切り口」をどう見つけるかというのが数学の醍醐味であり、それを発見したときの喜びは、他ではなかなか味わえないものですよね！

ここで、二項定理と関係が深い「パスカルの三角形」をご紹介しておきましょう。一番上に１を２つ書いて、そこから下に枝を２本ずつ伸ばします。両端の枝は１で、中の部分は左上と右上にある数字をそれぞれ足してやります。そうすると、右に示したような図が描けるのがわかると思います。これが有名な「パスカルの三角形」と呼ばれるものです。

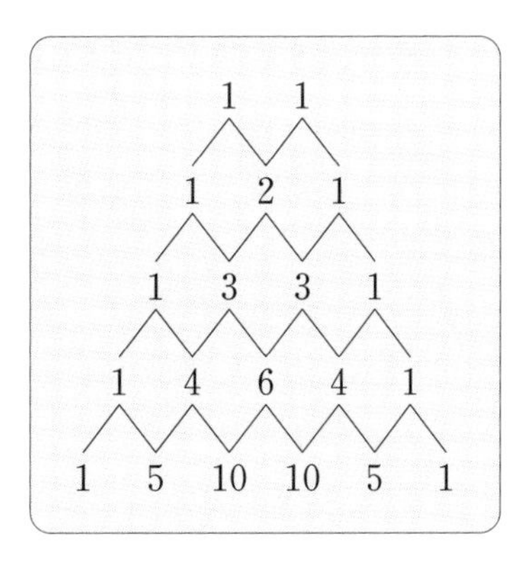

そしてこの横に並ぶ数字は、二項定理の展開した係数に一致します。たとえば、

$$(a+b)^3=a^3+3a^2b+3ab^2+b^3$$

のそれぞれの係数 1，3，3，1 は、パスカルの三角形の上から３段目に並んでいますね。そして二項定理から、これらはそれぞれ ${}_3C_3$，${}_3C_2$，${}_3C_1$，${}_3C_0$ であることがわかるでしょう。

これを使うと、$(a+b)^6$ の係数は順に、1，6，15，20，15，6，1 となることもすぐわかります。また、きれいな左右の対称性を持っていますし、ある数字が、その上の２つの数字の和であることから、一般に C に関して、${}_nC_r={}_{n-1}C_{r-1}+{}_{n-1}C_r$ が成り立つこともわかります！

第８問

関数$f(x)$が次の２つの性質(1)，(2)を持つという。

(1)　任意の実数x，yに対して、$f(x+y)=f(x)f(y)$が成り立つ。

(2)　$f(3)=8$

このとき、$f(1)=2$であることを証明せよ（ただし、$f(x)$は実数であるとする)。

（2004年　京都大学）

解法の道しるべ

◆一見漠然としていて、捉えどころがない問題です。

関数$f(x)$をどう扱うかが大きなポイントです。関数$f(x)$とはわかりやすくいうと、ある変数xに対してある決まった計算（あるいは「操作」といってもいいかもしれません。ちなみにfとは英語のfunction（関数）の頭文字を取っています）をさせる式のことをいい、当然本問で扱われている$f(x)$という関数では、その計算式はすべて同じになります。

ただ本問が厄介なのは、この$f(x)$というのがいったいどんな式なのかまったく見えないというところです。たとえば$f(x)=3x+2$とか具体的な式だったら扱いやすいのですが、それがまったくなく抽象性から抜け出せないところが、本問を難しくさせる要因になっています。

$f(x)$に関してわかっているのはただ２つ、$f(x+y)=f(x)f(y)$と、$f(3)=8$だけです。

◆捉えどころがないといって式とにらめっこしていても事は前に進まないので、具体的な数字で考えてみることにしましょう（そう、「シミュレーション」です！)。

条件(1)では、$f(x+y)=f(x)f(y)$は「任意の実数x，yで成り立つ」と書いてあります。「任意のx，yに対して」とは「どんなx，yについても」という意味です。

つまり、$f(1+1)=f(1)f(1)$も、$f(1+2)=f(1)f(2)$も、$f(2+1)=f(2)f(1)$も、$f(1+(-1))=f(1)f(-1)$も、$f(-1+2)=f(-1)f(2)$も、ぜーんぶ成り立つということです。

ちなみに、いまx, yは整数から選びましたが、x, yは実数であればよいので、$\frac{1}{2}$でも、0.1でも、$\sqrt{2}$でも、どれでもOKです（とはいえ、本問はきっと整数だけを考えれば十分でしょう）。

◆もう一度本題に戻ると、条件(2)に$f(3)=8$とあります。そして、求めたい（示したい）のは、$f(1)$の値です。

となれば、たとえば、$f(x+y)=f(x)f(y)$で$x=1$, $y=2$として、
$f(3)=f(1)f(2)$は使えそうですね。ただ、$f(2)$については何も条件は与えられていません。

だったらどうするかというと…？

解説 「適当な数」を代入し、条件式をうまく使う

【解法の道しるべ】で、ある程度の方針が見えてきたと思います。

$f(x+y)=f(x)f(y)$は任意の実数x, yで成り立つので、条件をうまく使えそうな、そして結論の式に結びつきそうなx, yをうまく選んでやる、という方針でよいでしょう。

そこでたとえば、$x=1$, $y=2$を適用させると、

$$f(3)=f(1)f(2) \quad \cdots\cdots①$$

という式が得られます。

ここで、$f(2)$は直接条件として与えられていませんが、$x=1$, $y=1$を考えることにより

$$f(2)=f(1)f(1)=\{f(1)\}^2 \quad \cdots\cdots②$$

という式もつくれますね。これで、求めたい$f(1)$を使って$f(2)$を表すことができました。

②式を①式に代入すると、

$$f(3)=f(1)\times\{f(1)\}^2=\{f(1)\}^3$$

となり、また条件⑵より $f(3)=8$ なので、

$$\{f(1)\}^3=8 \qquad \cdots\cdots③$$

であることがわかります！

ここで改めての確認ですが、$f(1)$ とは $f(x)$ という関数に $x=1$ を代入したある値（それはある「数」です）を表しています。そして結論は、その「数」が2であることなので、これを示すことができればおしまいです。

もっとわかりやすくいうなら、この問題で示すべきは、$f(1)$（くどいようですが、これはある「数」です）を $f(1)=a$ と置いたとき、

「ある実数 a が $a^3=8$ を満たすとき、$a=2$ であることを示せ」

ということと同じになります。こうするとわかりやすいですね。

ここでは a は使わず、③式のまま進めていきます。

要は③式の3次方程式を解く形になるので、因数分解を発想します（方程式を解く際の基本は「因数分解」です）。すなわち、

$$\{f(1)\}^3-8=0$$

$$\{f(1)\}^3-2^3=0 \qquad \cdots\cdots④$$

となるので、【基本定理・公式】（17ページ）の因数分解の公式⑸′

$$a^3-b^3=(a-b)(a^2+ab+b^2)$$

を使うことで、④式は

$$\{f(1)-2\}\left[\{f(1)\}^2+f(1)\times2+2^2\right]=0$$

となり、これはすなわち、

$$f(1)-2=0 \quad \text{または} \quad \{f(1)\}^2+2f(1)+4=0$$

であることを示しています。

$f(1)-2=0$ のとき、$f(1)=2$ となり（おっと！　示したいものが出ましたね！）、$\{f(1)\}^2+2f(1)+4=0$ のとき、この $f(1)$ は【基本定理・公式】で見た「2次方程式の解の公式」（18ページ）を使って求められます。すな

わち、

$$f(1)=\frac{-2\pm\sqrt{2^2-4\times1\times4}}{2\times1}=\frac{-2\pm\sqrt{-12}}{2}$$

となります。ただ$\sqrt{\ }$の中がマイナスになってしまった（$\sqrt{-12}$とは2乗して-12となる数で、実数の範囲ではこのような数は存在しません。2乗して負になる数は虚数といい、実数とは区別されます）ため、この解は実数ではなく、この問題の解からは外れることになります。

以上より、$f(1)=2$であることが示せました！

答え

【解説】参照。

模範解答

性質（1）で、$(x,y)=(1,2)$，$(1,1)$をそれぞれ代入することにより、

$$f(3)=f(1)f(2) \quad \cdots\cdots①$$

$$f(2)=\{f(1)\}^2 \quad \cdots\cdots②$$

が成り立つ。①に②を代入し、

$$f(3)=\{f(1)\}^3$$

これと性質(2)より

$$\{f(1)\}^3=8$$

これを変形し、

$$\{f(1)\}^3-8=0$$

$$\{f(1)-2\}\left[\{f(1)\}^2+2f(1)+4\right]=0$$

よって、

$$f(1)=2 \quad \text{または} \quad \{f(1)\}^2+2f(1)+4=0$$

ここで、$\{f(1)\}^2+2f(1)+4=0$を解くと、

$$f(1)=\frac{-2\pm\sqrt{2^2-4\times1\times4}}{2\times1}=\frac{-2\pm\sqrt{-12}}{2}$$

となり、$f(x)$が実数であることに反する。（※）

よって、$f(1)=2$ である。　　　　　　　　　　　　　（証明終わり）

※ここでは2次方程式の解の公式より、具体的な解を求めていますが、実際は「2次方程式の判別式」が使えれば、それで十分です（「2次方程式の判別式」については、本書での詳しい説明は割愛します）。

振り返り

一見捉えどころのない問題に見えますが、いくつか具体的な x, y を考えてやる中で、意外と方針が立ちやすく感じたかもしれません。

このように数学では、パッと見は難解に感じるような問題であったとしても、わかるところから具体的に考えを進めていくと、案外方針が見えてくる、ということがよくあります。それも、頭の中で「うーん、うーん」と考えるのではなく、頭で考えたり思いついたりしたことを実際に紙に書いて具現化してやる、ということが大切です。

ビジネスの世界でもよく「アイデアは紙に書くことで客観視でき、それによってより考えが整理される」というようなことがいわれたりしますが、それは数学の問題を考える際にも同じことがいえるわけですね。

第2章

整数問題

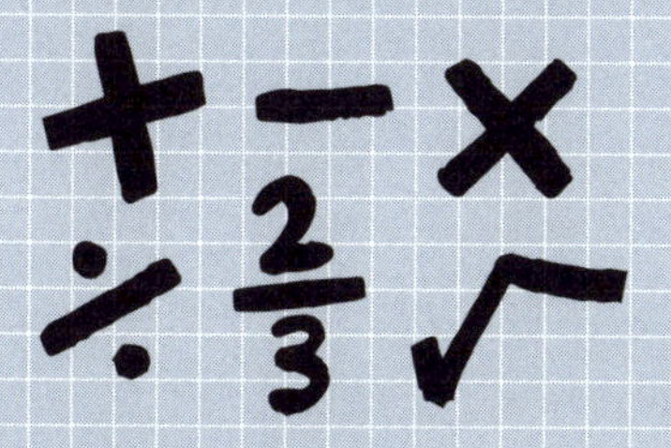

分数、小数、√や π などの無理数をすべて含む「実数」よりも扱う範囲が狭い「整数」は、その制限のためにいろいろな面白い議論を展開することが可能になってきます。ここからはそんな“魅惑”の「整数」の世界を旅してみましょう。

基本定理・公式

素因数分解

第10問、第11問、第12問、第13問

ある整数 a があり、整数 b で a が割りきれるとき、b を a の約数といいます。たとえば、72という整数に対し、12は72を割りきることができるので12は72の約数といえます。

また、1とそれ自身以外に正の約数を持たない自然数（正の整数のことで、単純に“数えられる”数のこと）を素数といいます。小さいものから素数を順に挙げていくと、2，3，5，7，11，13，17，19，…があります(1は素数には含まれません)。ちなみに、素数は無限に存在することが証明されています。

自然数を素数だけの積の形で表すことを素因数分解といいます。たとえば、72は $72=2\times2\times2\times3\times3$ と素因数分解できます（2と3はともに素数です)。また表記の仕方は、$72=2^3\cdot3^2$ としても構いません（「・」と「×」は同じで、ともにかけ算を表しています)。別の例では、2431は、素数の約数として11と13と17を持つので、$2431=11\times13\times17$ と素因数分解できます。

実際に、72を素因数分解してみましょう。素因数分解の際は、右のような方法が便利です。すなわち、72を割れる最も小さい素数を探します。いまは2ですね。そして、$72\div2$ を計算します。36です。次に、36を割れる最も小さい素数を考えます。また2ですね。このように、その数を割れる最も小さな素数で順に割ることにより、もとの数を素数の積のみで表すことができます。これが素因数分解です。

```
2 ) 72
2 ) 36
2 ) 18
 3 ) 9
     3
```

整数問題

第9問

$\dfrac{n+32}{n+2}$ が整数となる正の整数 n は □ 個ある。

（1997 年　法政大学）

解法の道しるべ

◆問題自体はとてもシンプルですが、どうすれば条件を満たす正の整数 n をすべて考えることができるのか、方針に迷うかもしれません。

何か見えてくることを期待して、いくつかの具体的な正の整数を代入してみましょう。

$n=1$ のときは、$\dfrac{n+32}{n+2}=\dfrac{33}{3}=11$ で OK です。

$n=2$ だと、$\dfrac{n+32}{n+2}=\dfrac{34}{4}=\dfrac{17}{2}$ でこれは整数ではないのでアウトですね。

$n=3$ の場合は、$\dfrac{n+32}{n+2}=\dfrac{35}{5}=7$ でこれは OK です。

と、この後も順番に正の整数を代入していってもよいのですが、そうするといったいどこまで調べればよいのでしょう？　正の整数は無限にあるので、すべての数を調べることは不可能です（あることに気づけば、この方針でもすべての答えを求めることは可能です。これについては【振り返り】で触れることにしましょう）。

$$\begin{array}{r} 1 \\ n+2 \overline{)\, n+32} \\ \underline{n+2} \\ 30 \end{array}$$

◆与えられた式を少し変形してみましょう。

$(n+32)\div(n+2)$ を右のように筆算で計算すると商が 1、余りが 30 になるので、$\dfrac{n+32}{n+2}=1+\dfrac{30}{n+2}$ と変形

することができます（この式を実際通分すると、もとの式に戻るのが確認できるでしょう）。

ここで「あ！」と気づけば、答えが見えてきそうです！

解説 与えられた分数を変形し、分数部分で約数を考える

【解法の道しるべ】で触れたとおり、与えられた式を次のように変形します。

$$\frac{n+32}{n+2}=1+\frac{30}{n+2}$$

ここでは1は整数なので、$\frac{n+32}{n+2}$が整数となるためには、結局、$\frac{30}{n+2}$が整数であればよいわけですね。

では、$\frac{30}{n+2}$が整数になるのはどのようなときでしょう？　たとえば、$\frac{12}{3}$は4となり整数ですね。一方、$\frac{12}{5}$は整数にはなりません。この違いがどこにあるかというと、（分子）÷（分母）が割りきれるかどうかです。割りきれればもとの分数は整数で表せ、割りきれなければ整数で表すことはできません。

aがbで割りきれるとき、「bはaの約数である」といいます。先ほどの例でいうと、12は4で割りきれるので、4は12の約数です。12÷5は割りきれないので、5は12の約数ではありません。

では、12の約数は全部で何個あるでしょう？　12を割りきれる数を順番に考えていけばよいので、1，2，3，4，6，12です。つまり6個ですね。

では、本題に戻りましょう。$\frac{n+32}{n+2}$が整数となるとき、$\frac{30}{n+2}$も整数になりました。そして、$\frac{30}{n+2}$が整数になるとは、30が$n+2$で割りきれることで、それは言葉を変えれば$n+2$が30の約数であるということでした。

30の約数を順に挙げていくと、1，2，3，5，6，10，15，30です。全部

で 8 個あります。

なので、「答えは 8 個だ！」といいたいところですが、ちょっとここで一呼吸置きましょう。分母は $n+2$ で、この n は正の整数でした。となると、$n+2$ という数は 3 以上しかとれないですね。なので、先ほど挙げた 8 個の 30 の約数のうち、3 以上のものだけが該当します。なので、答えは 1 と 2 を除いた 6 個ですね！

この問題は条件を満たす n の個数さえ求めればよいので、その具体的な数まではいらないのですが、「おまけ」でそれも考えてみると、

$$n+2=3, 5, 6, 10, 15, 30$$

となる n を考えればよいので、

$$n=1, 3, 4, 8, 13, 28$$

ですね。これが条件を満たす 6 個の具体的な n の値です。

答え

6 個

振り返り

いかがでしたか？　オーソドックスな「整数問題」をまず紹介しました。

【解説】のような扱いができるのは、あくまで「n が正の整数」だからであって、その制限がこの問題を成り立たせています。

「整数問題」は数学的な予備知識をほとんど必要とせず、また数学という数の世界の面白みと深さを魅力的に表現してくれます。ですので、「整数問題」は本書の目的にぴったりといえるかもしれませんね。このあとに続く整数問題に立ち向かいながら、ぜひ数学の面白さを感じてもらえたらと思います。

ここで、【解法の道しるべ】で触れた、「条件を満たすnを、小さいものからひたすら挙げていく」ことについて、補足したいと思います。そこでは、「正の整数は無限にあるので、すべてのnを検討することはできない」といいましたが、実は数え上げて答えの「6個」を求めることは可能です。それについてここで説明したいと思います。

$\frac{n+32}{n+2}$に1から順にnを代入していくと、$\frac{n+32}{n+2}$の値は徐々に小さくなっていくのに気づくでしょう。そして、限りなく大きなn（たとえば$n=10000000000000000$などでは、$\frac{n+32}{n+2}$の値は限りなく「1」に近づいていくことがわかると思います。しかし、どれだけ大きなnを持ってきても、$\frac{n+32}{n+2}$がぴったり1になることは絶対にありません。分子と分母が等しくなることはないからです。

これは何を意味しているかというと、「整数となる$\frac{n+32}{n+2}$は、最も小さくても2である」ということです。ですので、どこかのnで$\frac{n+32}{n+2}$が2になったら（いまの場合$n=28$です）、もうその数より大きいnでは、$\frac{n+32}{n+2}$は整数になり得ないわけです！　よって、28が最後のnなので、それで個数が確定するというわけですね（ちなみに、いまたまたま$\frac{n+32}{n+2}$が2になるnがありましたが、与えられた分数が必ず2という整数を取る保証はありません。その場合は、2をまたいで、1.9……とか1.8……とかになった時点で、「数え上げ終了」です）。

ただこの方法でも、28まではぜんぶ調べないといけないので、ベストなやり方とはいえません。ただ数学の考察としては興味深いですね！

第10問

(1) x, y, z, a を正の整数とするとき、

$$175x = 1323y = 5832z = a^2$$

を満たす最小の a の値を求めなさい。

(2) $\dfrac{m}{175}$, $\dfrac{m^2}{1323}$, $\dfrac{m^3}{5832}$ がすべて整数となるような正の整数 m のうち、最小のものを求めなさい。

(2009年　東京理科大学)

解法の道しるべ

◆さあ、いかがでしょう？　ワクワクしてさっそく鉛筆を動かしたい衝動に駆られませんか？（笑）これこそ、ノーヒントで考えていただきたいような問題です。

◆本問の最大のテーマは【基本定理・公式】（62ページ）で見た「素因数分解」です。175，1323，5832をそれぞれ素因数分解して、どんな素数によって構成されているかを調べるところからスタートですね。

そして(1)では、175，1323，5832に別々の数をかけることで、すべて同じ数の2乗にすることを目指します。

(2)では、ある整数 m について、m が175で割れ、m^2 が1323で割れ、m^3 が5832で割れるとき、m がどう表されるのかを考えていくことになります。

解説　「素因数分解」を最大限に活用しよう！

(1)

何はともあれ、まず175，1323，5832をそれぞれ素因数分解しましょう。次ページ右上枠内のように小さな素数から順に割っていくことで、

$175 = 5^2 \cdot 7$

$1323 = 3^3 \cdot 7^2$

$5832 = 2^3 \cdot 3^6$

と計算することができます。

```
5 ) 175      3 ) 1323     2 ) 5832
  5 ) 35       3 ) 441      2 ) 2916
       7       3 ) 147      2 ) 1458
                 7 ) 49       3 ) 729
                      7       3 ) 243
                                3 ) 81
                                3 ) 27
                                  3 ) 9
                                      3
```

問題は、$175x = 1323y = 5832z = a^2$ を満たす最小の正の整数 a を答えるわけですが、

$175x = 1323y = 5832z = a^2$ をわかりやすく言い換えると、175 に適当な数をかけて、1323 に別の適当な数をかけて、5832 にまた別の適当な数をかけることで、すべて同じある数の 2 乗にしましょう、ということです。

ここで、「ある数の 2 乗」について少し検討してみましょう。

たとえば、「24 の 2 乗」すなわち 24^2 は素因数分解した形で書くと、$24^2 = (2^3 \cdot 3)^2 = 2^6 \cdot 3^2$ と書けます。別の数字で「350 の 2 乗」すなわち 350^2 は、$350^2 = (2 \cdot 5^2 \cdot 7)^2 = 2^2 \cdot 5^4 \cdot 7^2$ と表せます。

素因数分解した式をよく見てみましょう。すると、それぞれの素因数の次数が偶数になっていることに気づくと思います。それはそうですよね、もとの数全体を 2 乗しているので、その 2 乗された数に含まれるそれぞれの素因数も、偶数回かけられているはずです。

では、本題に戻りましょう。$175x$, $1323y$, $5832z$ はすべてある数の 2 乗なので、それぞれを素因数分解したとき、各素因数の次数は偶数になるはずです。たとえば、175 は $175 = 5^2 \cdot 7$ なので、少なくとも 1 回は 7 をかけてやらないといけない、ということです。さらに $175x$ と $1323y$ と $5832z$ を等しくする必要がありますので、そこから x, y, z を絞り込んでいきましょう。

さあ、ゴールが近づいてきました。175 と 1323 と 5832 をそれぞれ素因

数分解した次の3つの数をよーく見てみましょう。

$$5^2 \cdot 7,\ 3^3 \cdot 7^2,\ 2^3 \cdot 3^6$$

そして、かける数を考えていきましょう。

かける数は、2か3か5か7のどれかになるはずですね。それ以外は使う必要はありません（求めたいのは「最小の」aなので、最低限必要な数だけで十分です。余計な数は入れてはいけません）。

大きな数7から検討してみましょう。この問題では7が最大の素因数で真ん中の数に2つありますね。そしてこれは偶数です。ということは、最初の数に7を1回、最後の数に7を2回かけてやることで、7がそろいます。

では次に5はどうでしょう。5は、最初の数に2個あって、残り2つには入っていません。よって、すべての数を等しくするために、真ん中の数と最後の数にそれぞれ、5を2回かけてやる必要があります。

次は3です。3は、真ん中に3個、最後の数に6個入っていますね。最大の6はすでに偶数ですので、どれも6個にしてやればよいのです。つまり、最初の数に6回、真ん中に3回、3をかけることになります。

最後は2です。2は、最後の数に3個ありますね。最終的に偶数個が必要になりますので、最初の数に4回、真ん中の数に4回、最後の数に1回かけることで、偶数としてそろいます。

これを整理します。つまり、それぞれにかける数は、

最初の数には、2が4回、3が6回、5は0回で、7が1回です。よって、$x = 2^4 \cdot 3^6 \cdot 7$となります。

真ん中の数には、2が4回、3が3回、5が2回で、7は0回です。よって、$y = 2^4 \cdot 3^3 \cdot 5^2$ですね。

最後の数は、2が1回、3が0回、5が2回で、7が2回です。$z = 2 \cdot 5^2 \cdot 7^2$です。

実際聞かれているのはaだけですが、わかりやすく説明するために、x，y，zの値もそれぞれ出してみました。

ではいよいよゴールのaです。これまで見てきたことから、x，y，zがかけられて同じになった結論の数は、

$$175x=(5^2\cdot7)\cdot(2^4\cdot3^6\cdot7)=2^4\cdot3^6\cdot5^2\cdot7^2$$
$$1323y=(3^3\cdot7^2)\cdot(2^4\cdot3^3\cdot5^2)=2^4\cdot3^6\cdot5^2\cdot7^2$$
$$5832z=(2^3\cdot3^6)\cdot(2\cdot5^2\cdot7^2)=2^4\cdot3^6\cdot5^2\cdot7^2$$

です。当たり前ですが、全部同じ数になっています。

そして、$a^2=2^4\cdot3^6\cdot5^2\cdot7^2$になるわけですが、$2^4\cdot3^6\cdot5^2\cdot7^2=(2^2\cdot3^3\cdot5\cdot7)^2$なので、$a=2^2\cdot3^3\cdot5\cdot7$であることがわかります。よってこれを計算して、$a=2^2\cdot3^3\cdot5\cdot7=3780$が答えです！

(2)

(2)は、$\frac{m}{175}$，$\frac{m^2}{1323}$，$\frac{m^3}{5832}$がすべて整数となるような最小の正の整数mを求める問題でした。

【第9問】(63ページ)でも見たように、「$\frac{m}{175}$が整数になる」とは、「175がmの約数になる」ということです。これは別の言葉にして「mが175の倍数」ということもできます。「mが175の倍数」とは簡単にいうと、$m=175\times\square$（$\square$には整数が入ります）という形で書ける、ということです。

さあ、少しずつ方針が見えてきましたか？

$175=5^2\cdot7$でしたので、mが175の倍数ということは、mの中には必ず因数として5が2個と、7が1個含まれていないといけないことになります。

続けましょう。$\frac{m^2}{1323}$も整数なので、m^2は1323の倍数です。$1323=3^3\cdot7^2$なので、m^2の中には少なくとも3が3個と、7が2個、因数として含まれていることがわかります。このとき、mには少なくともどんな因数が含まれている必要があるでしょうか？

少なくとも7が1個含まれていなければならないのはわかると思います。では、3は少なくともいくつ入るでしょうか？　そう、2個です。1個だけだと、m^2の中に3は2個しか入らないので、これはマズいです。

また、いまは最小のmを考えていますので、mの中に3個も3はいらないですね。その場合、m^2には3が6個も入ってしまいますから。ですので、mに含まれる最少の3は2個です。

では最後です。$5832=2^3\cdot3^6$なので、m^3の中には少なくとも2が3個と、3が6個必要になります。これはわかりやすいですね。mの中に2が1個と、3が2個、必ず入ることになります。

さあ、仕上げです。

以上より、mに含まれる素因数の条件が3つ出てきました。そして、これら3つの条件はすべてそろう必要があります。なぜかというと、$\frac{m}{175}$も$\frac{m^2}{1323}$も$\frac{m^3}{5832}$もすべて整数にならないといけないからです。

それぞれの条件は、最初が「少なくとも5が2個と、7が1個」、次が「少なくとも3が2個と、7が1個」、そして最後が「少なくとも2が1個、3が2個」でした。

これをすべて満たすとき、mには「少なくとも2が1個、3が2個、5が2個、7が1個」入っている必要があることになります。そして、最小のmを考えるので、これらをきっちり全部mに入れてやればよいのです。よって、$m=2\cdot3^2\cdot5^2\cdot7$すなわち$m=3150$が答えです！

答え

(1)　3780

(2)　3150

振り返り

いかがでしたでしょうか？「素因数分解」をフル活用する問題でした。整数問題のパズル的な要素がふんだんに盛り込まれた、まさしく本書のテーマである「数学を楽しむ」のにふさわしい問題といえるでしょう！

存分に楽しんでいただけましたか？

第11問

1から100までの自然数の積である100!を$2^a \cdot 3^b \cdot 5^c \cdots$と素数の積で表すと、$b=$ (1) となる。また、100!は末尾に0が (2) 個並ぶ数である。

(2010年　青山学院大学　一部のみ抽出)

解法の道しるべ

◆100!（100の階乗）とは、

$$100! = 100 \times 99 \times 98 \times \cdots\cdots \times 4 \times 3 \times 2 \times 1$$

のことでした。これを素因数分解の形に直した場合、3はいくつかかっているか、というのが(1)で聞かれているところです。

また(2)では、100!を計算した結果、末尾に0が何個並ぶのかが問われています。

◆まず(1)の方針を考えてみましょう。100!を全部かけるのはちょっとイメージが湧きにくいかもしれませんので、例によってもう少し小さな数字でシミュレーションしてみましょう。

たとえば、10!を考えてみたいと思います。10!をすべて書き並べると、

$$10! = 10 \times 9 \times 8 \times 7 \times 6 \times 5 \times 4 \times 3 \times 2 \times 1$$

ですね。さてこれを素因数分解したとき、3は何回かかっているでしょう？

右の小さい数から順に調べていくと、まず3が見えますね。これでカウント1です。そして、6がありますね。$6=2\times3$なので、ここからも3が1回カウントされます。そして、9です。9は3^2なので、ここからは3が2回カウントされることになりますね！

それ以外に3を含む数はないので、10!を素因数分解したとき、3は4回かかることになります。

さあ、では100!ではどうなるでしょう…。考えてみましょう！

◆次に、(2)の検討に移ります。末尾の0の数は、そもそもどうやって決まるのでしょう？

末尾の0がどのように発生するかというと、10がかけられることによって出てくるわけです。そして、10が1回かかるごとに、末尾の0が1個ずつ増えていきます。そして、一度発生した末尾の0は、かけられる数が増えていったとして、増える一方で減ることはありませんね。

先ほどと同じく、小さな10!でシミュレーションしてみたいと思います。

$$10! = 10 \times 9 \times 8 \times 7 \times 6 \times 5 \times 4 \times 3 \times 2 \times 1$$

ですが、一番左にひとつ10が見えますね。なので、これで末尾の0がひとつ確定です。そして、それでおしまいかというと、途中に5と、そして2が見えますね。5×2は？　そう、10です。これでさらにもう1個0が出てきました。もうあとはどう頑張っても10はつくれませんので10!では、末尾の0は2個並びます。

ところで、いま10をつくるために5×2をつくりましたが、2の代わりに4を選んでも、$5 \times 4 = 20$となって、これでも0がつくれます。要するに、5の相手は偶数が1個あれば、その時点で0が1個発生するわけですね。また、最初に考えた10も、結局は$10 = 5 \times 2$なので、ここにも5がひとつあったわけですね。

つまり、10をつくるために必要な5の相手の偶数は、5に比べればたくさんあるので、階乗の値を素因数分解した結果、5が何個含まれているのかが末尾の0の個数を決める重要な要素になるわけです。

さあ、100!を考えてみましょう！　あ、$25 = 5^2$ですよ（小声）。

解説　素因数分解で3や5が2個以上含まれる数に注意！

(1)

100!を素因数分解したときに、3がいくつかかっているかを調べます。

$$100! = 100 \times 99 \times 98 \times \cdots\cdots \times 4 \times 3 \times 2 \times 1$$

の中に含まれる3の倍数を基本に考えればよいのですが、【解法の道しるべ】で見たように、たとえば9という数字は、$9=3^2$ なので3が2回カウントされることになります。これは、18でも同じことがいえます。

$18=2\times3^2$ なので、この中に3は2つ含まれていることになりますね。つまり、9の倍数である数では、3を2回カウントすることになるわけです。

では、27はどうでしょう？　27は素因数分解すると $27=3^3$ となり、ここには3が3回も登場します！　これは27以外でも、54も同じです。つまり27の倍数には、3が3回かかっていることになります。

こうなると、次に考えるのは、3が4回かかった数ですね。そう、$3^4=81$ です。では、81の次に3を4個含む数は何でしょう？　それは、$2\times3^4=162$ です。ただ162はすでに100をオーバーしていますので、1から100の中の数で3を4個含む数は、81だけになります。

さあ、ここまでは、どのように考えていけばよいか、という全体像を見てきました。では、具体的な処理に移っていきましょう。

これまでの検証をもう一度まとめると、

・3の倍数があれば、3が1回カウントされる。
・ただ、3の倍数の中でも9の倍数は、3が2回カウントされる。
・9の倍数の中の27の倍数は、3が3回カウントされる。
・27の倍数の中の81の倍数（とはいえ、1から100の中にある81の倍数は81のみ）は、3が4回カウントされる。

ここまではいいですね。では次に考えるべきは、1から100までの数の中に、3の倍数は何個あるか？　です。これは、100÷3を計算することでわかります。「100÷3＝33余り1」なので、1から100までに、3の倍数は全部で33個あることになります。

ただその中には9の倍数も混ざっています。9の倍数の個数は、
「100÷9＝11余り1」より、11個です。

同様に、27の倍数は「100÷27＝3余り19」より3個、81の倍数は、計

算するまでもなく81の1個だけです。

では、1から100まで順にかけた数を素因数分解したときの3の個数を数えていきます。

・まず、81で4個です。
・27の倍数は3個ありますが、このうち1個は81なので、それ以外の27の倍数は2個（27と54）です。これらの中に、3はそれぞれ3個含まれます。
・9の倍数は11個ありますが、このうち3個は27の倍数なので、それ以外の9の倍数は$11-3=8$個です。これらの中に、3はそれぞれ2個含まれます。
・3の倍数は33個ありますが、このうち11個は9の倍数なので、それ以外の3の倍数は$33-11=22$個です。これらの中に、3はそれぞれ1個含まれます。

いよいよ仕上げの計算です。以上より、

$$4\times1+3\times2+2\times8+1\times22=48$$

これが(1)の答えです！

(2)

100!を計算したときに、末尾に何個0が並ぶのかを調べます。

【解法の道しるべ】で検討したように、末尾の0の個数は結局、素因数分解したときに5が何個含まれるのか、に一致することがわかりました。

5と偶数がペアになったとき末尾に0が1個発生するわけですが、5の数に比べて偶数は十分多いので、結局5の個数だけを考えればよかったのですね。

そうしたら、やることはほとんど(1)と同じです！　(1)では、「100!を素因数分解したときに、3が何個含まれるか」を調べたわけですが、(2)でやることは、「100!を素因数分解したときに、5が何個含まれるか」ですので、実のところやることはほとんど一緒です！

(1)を真似てみましょう。

まず、1から100までに5の倍数が何個あるのかを考えます。これは、「100÷5＝20」より、20個あることがわかります。ただその中で、25（$=5^2$）の倍数が「100÷25＝4」より4個あるので、これらの数では5が2回カウントされます。ちなみに5^3は125ですが、これはすでに100を超えているため、今回は考慮しなくてよいですね。

20個ある5の倍数のうち4個は25の倍数であるので、5を1個だけ含むものは20−4＝16個あります。そして、5を2個含むものが4個あるので、100!を素因数分解したときに、5は、1×16＋2×4＝24個あることがわかります。

そして、末尾の0の個数はこれと一致するので、答えは24です！

答え

(1)　48

(2)　24

振り返り

この問題も、素因数分解がテーマですね。方針さえ見えれば、あとはじっくり考えることで答えまでたどり着ける問題だったと思います。きっと楽しみながら考えられたのではないでしょうか？

第12問

x, y を整数とするとき、以下の問いに答えよ。

(1) x^5-x は30の倍数であることを示せ。

(2) x^5y-xy^5 は30の倍数であることを示せ。

(2011年　熊本大学)

解法の道しるべ

◆とってもシンプルな問題ですね。示すべきゴールは明確です。

それにしても、30の倍数ってかなり大きいので、「本当かな？」と思うかもしれません。そんなときはどうしましたか？　そうです！　具体的な数字で考えてみるのでしたね！

実際、(1)の x に整数を代入してみましょう。

$x=1$ のとき、$x^5-x=1^5-1=1-1=0$ です。$30\times0=0$ より0は30の倍数に含まれるので、OKです。

$x=2$ のとき、$x^5-x=2^5-2=32-2=30$ で、こちらもOKです。

$x=3$ はどうでしょう？　$x^5-x=3^5-3=243-3=240$ となり、$240=30\times8$ なので、これも確かに30の倍数になっています！

また、整数は正の数に限りません。負の数でも試してみましょう。

$x=-1$ のとき、$x^5-x=(-1)^5-(-1)=-1+1=0$ となり、やっぱりこれも30の倍数になります。

$x=-2$ では、$x^5-x=(-2)^5-(-2)=-32+2=-30$ ですが、$-30=30\times(-1)$ なので、ちゃんと30の倍数です。

$x=-3$ でもしっかり30の倍数になってくれますし、$x=0$ を代入しても（0も整数）、30の倍数になります。

(2)についても、少しだけ確かめてみましょう。

x^5y-xy^5 に $x=3$，$y=2$ を代入してみると、
$x^5y-xy^5=3^5\times2-3\times2^5=486-96=390$ となり、$390=30\times13$ なのできちんと 30 の倍数になっています。

不思議ですね〜。面白いですね〜。

◆限られた数を代入しただけではありますが、確かに⑴も⑵も 30 の倍数になりそうなことがわかりました。ただ、この問題に関しては、それがわかったところで一歩も前には進んでいません。

「ある」x，y について成り立つことを示すのと、「すべての」x，y について成り立つことを示すのとでは、意味合いがまったく違います。当然本問は「すべての」x，y について成り立つことを示さないといけませんので、「ある」x，y について成り立つことがわかっても、慰めにはなるかもしれませんが、それでは何も解いていないのと同じです。

「すべての」x，y で成り立つことを示すためには、x，y を一般的な文字のまま扱うことが必要です（この x と y は「すべての」整数を表しているのですから！）。

そして文字式の評価をするために非常に有効なツール、それが「因数分解」です。

解説 「30＝2×3×5」をもとに、それぞれの倍数を探す

⑴【解法の道しるべ】で触れたように、与えられた式の因数分解を考えてみましょう。

そもそも「因数分解」とは、ダラダラとした文字式を、ある分解されたまとまった式の積（かけ算）の形に書き直してやる操作のことです。そして、前問まで「素因数分解（これは、自然数を素数の積の形に書き換えてやる操作です）」をやってきましたが、これは「○の倍数」を評価する際に大いに役立ちました。本問は、「30 の倍数」であることを示す問題なの

で、素因数分解の兄弟のようなものである「因数分解」がカギになってきます。

「因数分解」は、第1章「数式問題」の【基本定理・公式】(17ページ)で紹介しましたが、ざっくりいうと次の2つをやることになります。

・すべての項に共通してかかっている文字や式があれば、それをくくり出してまとめる。
・「因数分解」の公式を使って処理する。

では、x^5-x を因数分解してみましょう。

まず、x^5 にも x にも共通して x がかかっているので、それをくくり出します。

$$x^5-x=x(x^4-1)$$

です。次に、x^4-1 の部分を、公式を使って因数分解してやります。ここで、因数分解の公式 $a^2-b^2=(a+b)(a-b)$ の適用を考えます。すなわち、

$$x^4-1=(x^2)^2-1^2$$

と読みかえることにより、

$$x^5-x=x(x^4-1)=x\{(x^2)^2-1^2\}=x(x^2+1)(x^2-1)$$

と変形できます。さらに、

$$x^2-1=x^2-1^2$$

とみなせるので、

$$x^5-x=x(x^2+1)(x^2-1)=x(x+1)(x-1)(x^2+1) \quad \cdots\cdots①$$

と因数分解を進めることができます(順番を少し変えました)。

x^2+1 の部分はこれ以上因数分解できないので、因数分解はこれでおしまいです。

さて…、ここからどうしましょうか？　なにしろすべての整数 x でこれが30の倍数になることをいうわけです。結構デカいですよね、30という数字…。

とまあ、嘆いていても仕方ないので、とにかく前に進みましょう。30

という数字はどんな数でしょう？　どんなっていわれても…となるかもしれませんが、30という数を評価するためにできること、それはそう、「素因数分解」です。

30を素因数分解すると、$30=2\times3\times5$です。つまり、2の倍数と3の倍数と5の倍数がそろえば、それらをかけると30の倍数になるわけです。ちなみに、3つ別々の数字で2の倍数と3の倍数と5の倍数がそれぞれ必要であるとは限りません。たとえば、6という数は$6=2\times3$なので、2の倍数と3の倍数を兼ねています。これがひとつあれば、2の倍数と3の倍数がそろうことになります。

これを踏まえて、もう一度①式を見てみましょう。何か気づきませんか？

ちょっと順番を変えて、しかもあえて×も書いてみましょう。

$$x^5-x=(x-1)\times x\times(x+1)\times(x^2+1)$$

どうです？　お気づきですか？　注目は、$(x-1)\times x\times(x+1)$です。これって、3つの連続する整数を表していますね。となると、この中には必ず、3の倍数が1個入っているし（3の倍数は中2つ飛んだ数です）、少なくとも1個は2の倍数（偶数）が入っているはずです！　よって、$(x-1)\times x\times(x+1)$には必ず2の倍数と3の倍数が含まれるため、少なくとも6の倍数であることが保証されるわけです！

さあ、あとは5の倍数です。ありますか？　5の倍数。

あと残っているのはx^2+1ですが、ここはどうでしょう？　具体的に整数を入れてみましょうか？

$x=1$のとき、$x^2+1=1^2+1=2$　あれれ？　5の倍数じゃない!?

$x=2$はどうでしょう？　$x^2+1=2^2+1=5$。お！これはちゃんと5の倍数ですね。

$x=3$は？　$x^2+1=3^2+1=10$　あ！OK！

もうちょっといきましょうか？　$x=4$だと、$x^2+1=4^2+1=17$。あ、これはNG…。

$x=5$は？　$x^2+1=5^2+1=26$　これもNG。というより、x^2+1のxに

5の倍数を代入した結果が5の倍数にはどう考えてもならないですよね…！

さあ、困りました。x^2+1が5の倍数になってくれればうれしかったのですが、どうも5の倍数になってくれることもあれば、なってくれないこともあるようです。そうすると、$(x-1)\times x\times(x+1)\times(x^2+1)$は5の倍数になってくれない？　それだと証明できないですよね…。

さて、これを解決するためにどこに糸口を見つければよいでしょう？　そうです、$(x-1)\times x\times(x+1)$の中に5の倍数があってもいいのです！

別にx^2+1でなくても、$(x-1)\times x\times(x+1)\times(x^2+1)$のどれかの因数が5の倍数であれば、すでに$(x-1)\times x\times(x+1)\times(x^2+1)$が6の倍数であることは保証されていましたので、$(x-1)\times x\times(x+1)\times(x^2+1)$が30の倍数となることがいえるわけです！

仮にxが5の倍数であれば、$(x-1)\times x\times(x+1)\times(x^2+1)$の因数の中には「$x$」という式がそのまま入っているので、その時点でクリアです。

では、$x-1$が5の倍数になるのはどんなときでしょう？　そうです、xが5で割って1余る数であれば、そのxから1を引いた数である$x-1$は5の倍数になるはずです。

$x+1$はどうでしょう？　結論から先にいうと、xが5で割って4余る数のときに、$x+1$は5の倍数になります。これはどう説明できるかというと、「5で割って4余る数」とは、式にすると$x=5k+4$（kは整数）と表すことができます。このとき、$x+1=(5k+4)+1=5k+5=5(k+1)$と変形できるので、$x+1$が5の倍数となることが示せます（たとえば、$9+1$や$14+1$はどれも5の倍数です）。

同じ表現を使うと、「xが5の倍数」は式にすると$x=5k$で表せますし、「xが5で割って1余る数」は$x=5k+1$と表せます。

ところでいまはどこを目指していたのかというと、「すべてのxについて、$(x-1)\times x\times(x+1)\times(x^2+1)$が5の倍数になる」ことを示したかったのでした。そうすると、あと残っているのはどんな数ですか？　そうです、「5で割って2余る数」と、「5で割って3余る数」です。xがこれらの数の場合も、$(x-1)\times x\times(x+1)\times(x^2+1)$の因数のうちのどこかで5の倍数になったとしたら、それで晴れて証明終了です！　5で割った余りが0の数（＝5の倍数）と、余りが1の数と、2の数と、3の数と、4の数をすべて調べれば、すべての整数について調べたことになりますね。

$x=5k+2$（5で割って2余る数）と$x=5k+3$（5で割って3余る数）のときは、$x-1$とxと$x+1$の部分は5の倍数にならなさそうです。よって、例の厄介なx^2+1を調べることになります。「5の倍数になりますように…！」と、お祈りしながら計算を進めましょう。

では、やってみましょうか。緊張の瞬間です。

まず、$x=5k+2$のときです。なお途中で$(a+b)^2=a^2+2ab+b^2$の展開公式を使っています。

$$x^2+1=(5k+2)^2+1=\{(5k)^2+2\cdot 5k\cdot 2+2^2\}+1$$
$$=25k^2+20k+5=5(5k^2+4k+1)$$

やった！　$5k^2+4k+1$は整数なので、これは5の倍数になります！

では最後、$x=5k+3$です。

$$x^2+1=(5k+3)^2+1=\{(5k)^2+2\cdot 5k\cdot 3+3^2\}+1$$
$$=25k^2+30k+10=5(5k^2+6k+2)$$

これも見事5の倍数になりましたね！

ところで、先ほどx^2+1が5の倍数になるかどうかを確かめるのに、xに1，2，3，4，5と順に入れていきました。そのときも確か、2と3だけ5の倍数になりましたね。これはつまりそういうことだったんですね！　同じようにxが7や8でもx^2+1は5の倍数になるわけです。

以上より、$x^5-x=(x-1)x(x+1)(x^2+1)$は、連続する3数の積を含むため、2の倍数かつ3の倍数であり、また4つの因数のうち必ずひとつは5の倍数であることが確かめられました。よって、これは30の倍数となります！　おしまい！

(2)

あ、(2)もありました…（笑）。

(2)は、整数 x, y に対し、x^5y-xy^5 が 30 の倍数であることを示す問題でした。

さっそく因数分解してみましょう！

$$x^5y-xy^5=xy(x^4-y^4)=xy\{(x^2)^2-(y^2)^2\}$$
$$=xy(x^2+y^2)\underset{\sim\sim\sim}{(x^2-y^2)}=xy\underset{\sim\sim\sim}{(x+y)(x-y)}(x^2+y^2)$$

となります。さあ、これが 30 の倍数であることを示します。

ただ、少し考えてみるとわかるのですが、こうなるともうまったく糸口すら見えません。というのも、x と y は互いに独立しているので、考えないといけないパターンが多すぎることに気づくと思います。x, y がそれぞれ、2 の倍数かどうか、3 で割った余りが 0 か 1 か 2 か、また 5 で割った余りが 0 か 1 か 2 か 3 か 4 か、なんてあらゆる場合をすべて考えることになるため、あまりにもパターンが多すぎて、全部の場合を考えるのはまったく現実的ではありません。

さあ、どうしましょう？

この方法だと完全に行き詰まりになってしまいますので、大きく発想の転換をしてみましょう。

(2)も(1)と同じ、30 の倍数であることを示す問題ですね。そして(1)から、x^5-x が 30 の倍数であることはいえました。するとここで発想したいのは、「(2)を示すために、(1)の結果を使うことはできないか？」という方向性です。x, y の「5 乗」という次数は(1)と(2)で共通していますね。うまく(1)が使えないかを考えてみましょう。

x^5-x は 30 の倍数でしたので、$x^5-x=30m$（m は整数）と置くことができます。同様に y についても、$y^5-y=30n$（n は整数）と置くことができます（x^5-x と y^5-y は一般に別の値なので、m, n と別の文字を用いました)。

扱いにくそうな x^5 と y^5 を消去する方向性を考えてみましょう。

$x^5-x=30m$ から $x^5=30m+x$、$y^5-y=30n$ から $y^5=30n+y$ とし、これを与えられた式に代入することを考えてみます。

さあ、どんな結果になるでしょう？　うまくいくでしょうか？　ドキドキですね。

$$x^5y-xy^5=(30m+x)y-x(30n+y)=30my+xy-30nx-xy$$
$$=30my-30nx=30(my-nx)$$

やりました!!　30の倍数です!!　いやー、美しい!!（m，n，x，y はすべて整数なので $my-nx$ も整数です)。

これで一気に x^5y-xy^5 が30の倍数であることが示せました！　一気に霧が晴れたみたいな爽快感ですね！　いやー、エレガント!!　気持ちいいですね～!!

答え

【解説】参照。

振り返り

なかなか先が見通しにくい大変な問題でした。問題がシンプルな分、かえって掴みどころがないのが、この問題を難しくさせている要因になっています。ただ、だからこそやりがいのある問題であるのも事実です。そして、そんな問題こそ解けたときの喜びや爽快感は大きいものがありますね。

この数学独特のスリルと達成感、感じていただけましたでしょうか？

第13問

m, n が自然数であるとする。$\frac{1}{m}+\frac{1}{n}=\frac{1}{89}$ かつ $m<n$ のとき、

$m=$ ［　　］ であり、$n=$ ［　　］ である。

（2010年　東洋大学）

解法の道しるべ

◆本章の冒頭でも説明しましたが、「自然数」とは、正の整数のことです。つまり、0や負の数は排除されます。

◆問題を見たときに、「たとえばどんな m や n が考えられるかな？」と考えてみたとしましょう。すると $\frac{1}{m}+\frac{1}{n}=\frac{1}{89}$ を満たす m, n を探すのは、結構大変だと気づくはずです。なかなか見当がつかないですよね。

こんなときは、予測するのは諦めて、どうなるかわからないけど潔くできるところまで計算を突き進めていく、という対応になります。

◆分数の形は扱いにくいので、やはりスタートとしては、両辺に適当な数をかけて分数を解消してやる、という方針がよいでしょう。そしてその後は、何回も出てきた「積の形」にもっていくという流れです。

解説　「左辺」と「右辺」で、整数のかけ算の形をつくる

まず分数の式を整数だけの式に直してやりましょう。全部の分数の分母を消すために両辺にどんな数をかければよいでしょう？　そう、$89\,mn$ ですね。すると、

$$\left(\frac{1}{m}+\frac{1}{n}\right)\times 89\,mn=\frac{1}{89}\times 89\,mn$$

$$89\,n+89\,m=mn \quad \cdots\cdots①$$

ひとまずここまで進みます。だいぶ見やすくなりました。

ここで、【解法の道しるべ】で触れたように、積の形をつくってやりましょう。まず思い浮かぶのは、次の②式のように①の左辺を89でくくる因数分解かもしれませんが、ここからわかるのは、左辺と右辺が等しいことから「mかnの少なくともどちらか（あるいは両方）が89の倍数になる」ということぐらいで、その先にはちょっと進めそうにありません。

$$89(m+n)=mn \qquad \cdots\cdots ②$$

ここで、ちょっとした計算の工夫をしてみましょう（整数問題ではよくやる計算処理の方法です）。

まず、①式の項をすべて片方に寄せて、$=0$の形にします。

$$mn-89m-89n=0 \qquad \cdots\cdots ③$$

そしてこのあと、$(m+○)(n+□)$という形をつくることを考えてみましょう（○や□の前の符号は「－」でも構いません）。③式と見比べることで、○，□ともに、-89としてやればうまく処理できそうです。ただ○と□にそれぞれ-89を適用して計算すると、

$$(m-89)(n-89)=mn-89m-89n+89^2$$

となり、③式にはなかったちょっと余分なもの（89^2）が出てきてしまいます。そこでつじつまがうまく合うように、③式の両辺に89^2を加えてみます。すなわち、

$$mn-89m-89n=0$$
$$mn-89m-89n+89^2=89^2$$
$$(m-89)(n-89)=89^2 \qquad \cdots\cdots ④$$

としてやるわけですね。これで③式の等号をくずさないまま式変形をすることができました。

どうでしょう？　この④式は、②式に比べて、ずいぶんいろんなことができそうじゃありませんか？

ここで、89という数字に注目してみましょう。これまでやったように、89を素因数分解してみましょう。つまり、89を割れる素数を順に探していくわけですが…。2はNG、3も違う、5もNGだし、7も割れない、11

は？　13は？……ずっと割れないですね。実は、最後まで89を割れる数というのは見つかりません。

つまり、89自体が素数です（ちなみに1は「素数」からは除かれます）。そして、素数は当たり前ですが、素因数分解ができません。

では、もう一度④式に戻りましょう。$m-89$ と $n-89$ をかけると 89^2 になって、しかも89が素数であることから、$m-89$ と $n-89$ が取れる数というのは、そんなに多くないことがわかります。具体的にいうと、次の3パターンだけです。

$$(m-89, n-89)=(1, 89^2), (89, 89), (89^2, 1) \qquad \cdots\cdots⑤$$

さらに m と n には、条件がありましたね。そう、$m<n$ でした。ですので当然、$m-89$ と $n-89$ の大小関係も $m-89<n-89$ となります。ということは、⑤式の中で取れる $m-89$ と $n-89$ の組合せは、たった1通りに決まりますね！　そう、$(m-89, n-89)=(1, 89^2)$ だけです。

これで m と n が求まりますね！　$m-89=1$ なので $m=1+89=90$、$n-89=89^2$ なので $n=89^2+89=8010$ が答えです！

答え

$m=90$, $n=8010$

振り返り

本問のポイントは、④式の変形と、89という素数です。89のところは素数ではない数でも問題としては成り立つのですが、その場合は m と n の候補がぐっと増えることになります。本問は89という素数が題材になっているので、m と n がたった1組に決まるというわけです！

あ、ちなみに一番最後の n の計算は、89^2 を筆算で計算してそれに89をまた筆算で足すのではなく、$n=89^2+89=(89+1)\times 89=90\times 89$ として計算すれば、よりスマートですね！

第14問

次の等式を満たす自然数 x, y, z の組をすべて求めよ。

$$xyz = x + y + z \ (x \leqq y \leqq z)$$

（同志社大学）

解法の道しるべ

◆シンプルでありながら、どう糸口を見つければよいのか難しい問題だと思います。そもそも「すべて求めよ」ということは、x, y, z の組の個数は有限個であり、無限に答えがあるわけではないみたいです。

ただ、これは少しシミュレーションしてみればわかります。左辺は3つの数をかけたもので、右辺は3つの数を足したものです。すると、ある程度大きな数では、3数をかけた値のほうが3数を足した値よりも大きくなるのが想像できると思います。たとえば、$x=3$, $y=4$, $z=5$ を考えた場合、左辺が $xyz=3\times4\times5=60$ で、右辺が $x+y+z=3+4+5=12$ なので、かなり違ってきますね。

$x=3$, $y=4$, $z=5$ ですらこれだけ差があるので、3つの数が大きい場合は解になりそうにないということが予測できます。ですので、解は小さな数に限定されそうです（ただ、たとえば z が大きかったとしても、x や y が1や2などの小さい値だった場合は、与えられた式を満たす解が存在する可能性はあるかもしれません）。

◆このようなタイプの整数問題では、「範囲を絞っていく」という方針が有効です。「範囲を絞る」とはつまり x, y, z の大小関係をうまく使いながら、可能性を限定していく、ということです。

いま x, y, z には、$x \leqq y \leqq z$ という大小関係があります。x, y, z の中で、一番大きい数は（等しくなるときも含め）z です。そして、x や y は z と等しいか、または小さく、x は y と等しいか、または小さいのです。

ではこれをどう使えば効果的でしょう？　$x \leqq z$ と $y \leqq z$ から、右辺の $x+y+z$ は

$$x+y+z \leqq z+z+z=3z$$

と不等式で表現することができます。これが「絞り込む」ということの意味です。

まだこの段階ではこの有効性にピンとこないかもしれませんが、本問ではこれが大きな威力を発揮します！　では、続きは【解説】で！

解説　「大小関係」によって条件を絞り込む

【解法の道しるべ】で見たとおり、$x \leqq y \leqq z$ という大小関係により、条件式の右辺 $x+y+z$ は、

$$x+y+z \leqq z+z+z=3z$$

と不等式を用いて評価することができます。そして $xyz=x+y+z$ でしたので、

$$xyz \leqq 3z$$

という大小関係も成立することがわかります。z は正の数なので、両辺から z を除いても大小には影響しません。さあ、z を除きますね。いきますよ……

$$xy \leqq 3$$

です！（どーん）

どうでしょう！　この破壊力！　伝わりますか？　このスゴさ！

確認ですが、x，y は自然数です。ということは、(x,y) の組合せは驚くほど絞られることになりますね！　しかも $x \leqq y$ でしたので、(x,y) の組合せは、

$$(x,y)=(1,1),(1,2),(1,3)$$

のたった3通りしかありません。x が2になった時点で y は2以上になるため、xy は4以上となり3を超えてしまうのでアウトです。ですので、この時点で $x=1$ が確定します。そして y は、xy が3以下であればよいので、$y=1,2,3$ が可能性として入ってきます。

あっという間に大きく前進です！

ただ、上の3つがすべて答えになるとは限りません。いま見たのはあくまで、「$x \leqq y \leqq z$ の条件と与えられた式から、答えになる可能性がある (x, y) の組」であって、この (x, y) が実際与えられた式を満たすかどうかはまだ保証されていません。

とはいえ、答えはこれら以外に存在しないことは確かです。ですので、あとはこの3つの (x, y) を与えられた式に当てはめて、つじつまが合うものを答えとして「採用」すればOKです。

(i)　$(x, y) = (1, 1)$ のとき、与式より

$$1 \times 1 \times z = 1 + 1 + z$$
$$z = 2 + z$$

こんな z はありますか？　絶対にないですね！　なので、$(x, y) = (1, 1)$ は答えからは除外されます。

(ii)　$(x, y) = (1, 2)$ のとき、与式より

$$1 \times 2 \times z = 1 + 2 + z$$
$$2z = 3 + z$$

これは z が求まりますね！　$z = 3$ です。これらの（x，y，z）はちゃんと $x \leqq y \leqq z$ を満たしているのでOKですね！

(iii)　$(x, y) = (1, 3)$ のとき、与式より

$$1 \times 3 \times z = 1 + 3 + z$$
$$3z = 4 + z$$

z を移項して $2z = 4$ より、$z = 2$ です。ところがいま $y = 3$ なので、$y \leqq z$ の条件から外れてしまいますね。よって、この組合せも答えにはなりません。

問題には「すべて求めよ」とありますが、結果的に答えは1通りだけでしたね！

$(x, y, z) = (1, 2, 3)$ が答えです！

答え

$(x, y, z) = (1, 2, 3)$

振り返り

問題を見た瞬間は、「いったいどうやって解けばいいんだろう」と見当もつかなかったかもしれません。ところが x，y，z の大小関係をうまく使って与えられた式を絞り込んでやることで、途端に道が開ける様子は爽快だったのではないでしょうか。

まだ「キツネにつままれた」ような感じがありますか？　あるいは、「本当にこれでいいの？　他にも答えはあるんじゃないの？」と思っているかもしれません。ただそれと同時に、【解説】の論理にひとつの欠陥もないことも認めているのではないでしょうか。

数学の世界では、時に人間の「きっとこうなんじゃないか」という感覚（これは各人の経験の積み重ねの産物なのですが）を論理が上回ることがあります。

それだけ人間の感覚はいいかげんなものだ、といえるかもしれません。「論理的に正しい」ものは、受け取り側がどう感じようが疑いなく「正しい」わけです。これもまさしく、数学的な潔い世界ですね。

第15問

4個の整数1，a，b，c は $1<a<b<c$ を満たしている。これらの中から相異なる2個を取り出して和をつくると、$1+a$ から $b+c$ までのすべての整数の値が得られるという、a，b，c の値を求めよ。

（2002年　京都大学）

解法の道しるべ

◆設定の読み取りにやや苦労する問題かもしれません。1，a，b，c の4個の整数から2個取り出して和をつくるわけですが、それで「$1+a$ から $b+c$ までのすべての整数の値が得られる」といっています。

$1<a<b<c$ から2個選んで和をつくるとき、一番小さい数はどうやったらつくれるかというと、1番小さい数1と、2番目に小さい数 a を足した $1+a$ になりますね。また、2つの数を足して一番大きくなる数は、一番大きい数 c と次に大きい数 b を足した $b+c$ になるはずです。

問題文に書かれている「$1+a$ から $b+c$ までのすべての整数」の $1+a$ と $b+c$ はここからきているわけですね。

◆$1+a$ や $b+c$ が具体的にどんな数なのかはまだわかりませんが、1，a，b，c から2個取り出してつくった和が、「$1+a$ から $b+c$ までのすべての整数」になるので、つくられる整数は順番に、

$1+a$, □, □, ……, □, $b+c$

が互いに1の差で並ぶ形になるはずです。では、整数は全部で何個あって、それぞれの場所にはどんな式が入ることになるでしょう？

◆最終的には、a，b，c の値がすべて定まるようです。うまく条件を使いながら、どうやって a，b，c を確定させるかが、この問題のポイントになってくるでしょう。

解説　「順序」を正確に捉え“もれなくすべて”を考慮する

まず、1，a，b，cから2個取り出してつくれる整数にはどんなものがあるか考えてみましょう。これはひとつずつ挙げればすぐわかると思います。

$1+a,\ 1+b,\ 1+c,\ a+b,\ a+c,\ b+c$ ……①

式のパターンとしてはこの6種類あります。ただ注意したいのは、この中に同じ数値になる式があるかもしれませんので、整数の個数が6個になるかどうかはまだわかりません。

これらを小さいものから順に並べるためには、この6個の式の大小関係を調べる必要があります。

最も小さいものと最も大きいものは、【解法の道しるべ】で見たとおり、$1+a$ と $b+c$ で、これは確定です。

では、その他の順番はどうなるでしょう？　まず、$a<b<c$ より、①の最初の3つの順番が $1+a<1+b<1+c$（……②）であることははっきりしています。また、①の後半3つの順番も、$a<b<c$ より、

$a+b<a+c<b+c$（……③）で確定しますね。

すると、①の6個の式の大小関係は②と③を合わせて

$1+a<1+b<1+c<a+b<a+c<b+c$ となるかというと、それは早とちりです。なぜなら、たとえば真ん中2つの順序が $1+c<a+b$ となるとは限らないからです。もし仮に $c=7$ で、$a=2, b=3$ だったとしたら、

$1+c>a+b$ になっちゃいますね。あるいは、$1+c=a+b$ となることだってあるかもしれません。

ここまででわかるのは、あくまで、②と③の中でそれぞれ示された大小関係だけです。

では、さらに大小関係の構造を読み解いていきましょう。たとえば、②の $1+b$ と③の $a+b$ はどうでしょう？　これは、$1<a$ であることから、

$1+b<a+b$ が決まります。同様に、②の $1+c$ と③の $a+c$ も同じ理由か

ら $1+c<a+c$ です。

これでだいぶ絞り込まれてきました。小さいものから順に、$1+a<1+b$ は確定しています。では、次にくる数はなんでしょう？　候補としては、$1+c$ と $a+b$ ですが、ともに $1+b$ より大きいことは確認したものの、$1+c$ と $a+b$ の大小は先ほど考えたように、この時点では確定しませんし、また等しいかもしれません。

その先はどうなりますか？　$a+c$ は確認したように $1+c$ や $a+b$ よりも大きく、そして最後の $b+c$ は $a+c$ よりも大きいのです。

ちょっとごちゃごちゃしてきましたので、整理してみましょう。以上をまとめると、6つの数の大小は、

$$1+a<1+b<(1+c,\ a+b)<a+c<b+c$$

であることがわかりました(真ん中の2つだけまだその大小は不明です)。

では次です。まだ使っていない条件があります。それは、「$1+a$ から $b+c$ までのすべての整数の値が得られる」という箇所です。

【解法の道しるべ】でも触れたように、これは言い換えれば、「$1+a$ から $b+c$ までの整数が、すべてその差が1で並んでいる」ということを意味しています。ですのでたとえば、確定している最初の2式と最後の2式の差が1であることから、$(1+b)-(1+a)=1$ ですし、
$(b+c)-(a+c)=1$ であることがわかります。

ところが残念ながら、この2つの式は整理すると同じ式になってしまい、得られる条件は $b-a=1$ (……④) というたったひとつだけになってしまいます。

さあ、どうしましょう？　ここでちょっと行き詰まってしまいました。

例の順序が不明な $1+c$ と $a+b$ を何とか処理しないと、ここから先に進むことができそうにありません。$1+c$ と $a+b$ で、どちらが大きいのかがわかりませんし、あるいは同じになることもあるかもしれません。

ではこんなとき、どうするか？　そうです。すべての場合を検討すればよいのです。そしてそれぞれの場合について、つじつまが合えばそれらは全部答えになります。あるいはいずれかの場合で途中に矛盾が発生してしまったら、その仮定が間違っていたわけで、その選択は答えにならないことになります。

これがいわゆる数学の「場合分け」です。

ではまず、仮に$1+c<a+b$だったとして、検証してみましょう。いま検討したい部分の大小関係だけを取り出すと、$1+b<1+c<a+b<a+c$です。そして、これら隣り合う式同士の差は1でしたので、以下がそれぞれ成り立ちます。

$$(1+c)-(1+b)=1,\ (a+b)-(1+c)=1,\ (a+c)-(a+b)=1$$

1つめの式と3つめの式は結局同じ⑤式になり、ここから得られる式は、

$$c-b=1 \qquad \cdots\cdots⑤$$

$$a+b-c=2 \qquad \cdots\cdots⑥$$

です。この2式とすでに出していた次の④式から、a，b，cの値を計算すればよいですね。

$$b-a=1 \qquad \cdots\cdots④$$

処理の仕方はいくつか考えられますが、④と⑤からaとcをそれぞれbで表して、⑥に代入するのがわかりやすいでしょう。すなわち、④と⑤を以下のように変形し、

$$a=b-1 \qquad \cdots\cdots④'$$

$$c=b+1 \qquad \cdots\cdots⑤'$$

これらを⑥に代入します。すると、

$$(b-1)+b-(b+1)=2$$

となり、これを計算すると$b=4$が求まります。4は整数なので、条件に当てはまりますね！

あとは④′，⑤′にそれぞれ代入し、$a=3$，$c=5$が求まります。（これらも整数なのでOK！）

すなわち、$(a,b,c)=(3,4,5)$は答えになります！

念のため、これらの$(a,\ b,\ c)$を$1+a,\ 1+b,\ 1+c,\ a+b,\ a+c,\ b+c$に順に代入してみると、

$$1+3=4,\ 1+4=5,\ 1+5=6,\ 3+4=7,\ 3+5=8,\ 4+5=9$$

となり、見事にキレイに順番に並んでくれていますね!!

では、次の場合を考えます。答えが1組出たからといって、安心してはいけません。それ以外のパターンを考えて、矛盾がなければ、それも答えに入ってくることになります。

先ほどと大小関係が逆の場合、つまり$a+b<1+c$を考えてみましょう。真ん中の4つの式が$1+b<a+b<1+c<a+c$という順番の場合です。それぞれの隣り合う式の差は1なので、

$$(a+b)-(1+b)=1,\ (1+c)-(a+b)=1,\ (a+c)-(1+c)=1 \quad \cdots\cdots⑦$$

です。この⑦の1つめの式と3つめの式は同じで、ここから一気にaが確定します。$a=2$です。

続いて、すでに出した④式$(b-a=1)$に$a=2$を代入することで、$b=3$が求まります。

最後のcは、$a=2$と$b=3$を⑦の2番目の式に代入することにより、$c=5$と計算できます。

これらはすべて整数なので、$(a,b,c)=(2,3,5)$も答えになります！

こちらも念のため、$1+a,\ 1+b,\ a+b,\ 1+c,\ a+c,\ b+c$に代入して確かめてみましょう。

$$1+2=3,\ 1+3=4,\ 2+3=5,\ 1+5=6,\ 2+5=7,\ 3+5=8$$

なので、こちらもバッチリ順番に並んでいます！

最後にもうひとつの可能性が残っています。$1+c=a+b$という場合です。この場合、整数$1+a$から$b+c$までの範囲で該当する整数は全部で5つあることになります（これは見落としがちかもしれません）。

このとき、問題の真ん中の4つの式には$1+b<1+c=a+b<a+c$とい

う関係が成り立ち、$1+b$ と $1+c$、$a+b$ と $a+c$ の差はそれぞれ1なので、

$$(1+c)-(1+b)=1,\ 1+c=a+b,\ (a+c)-(a+b)=1$$

という式が得られます。

1つめと3つめの式は同じで、真ん中の式も整理すると、

$$c-b=1 \qquad \cdots\cdots⑧$$

$$a+b-c=1 \qquad \cdots\cdots⑨$$

です。あとは何回も出てきている次の④式も使います。

$$b-a=1 \qquad \cdots\cdots④$$

これら、④, ⑧, ⑨の連立方程式を解くと $(a,b,c)=(2,3,4)$ となり、これも答えに含まれてきます（計算手順は先ほどとほとんど一緒なので、省略します）。

以上をまとめると、最終的な答えは、こうです。

$$(a,b,c)=(2,3,4),\ (2,3,5),\ (3,4,5)$$

答え

$(a,b,c)=(2,3,4)$, $(2,3,5)$, $(3,4,5)$

振り返り

「MECE（ミッシー）」という概念を聞かれたことはないでしょうか？　これは数学の用語ではなく、主に経営コンサルティングなどの分野の「ロジカルシンキング」の中で用いられる用語です。「重複なく、漏れもなく」挙げることを意味しています。そしてこれは、数学における「場合分け」そのものなのです。本問で見た $1+c$ と $a+b$ の大小に関する扱いは、まさにMECEそのものを行っているわけですね。

このように、論理的思考というのは数学のオハコで、それがたまたまビジネスの世界で、別の名前で呼ばれているにすぎないわけです。

いかがですか？　数学を見る目が、少しずつ変わってきたのではないでしょうか？

第16問

自然数a，b，c，dが$a^2+b^2+c^2=d^2$を満たしている。次の問いに答えよ。

(1) dが3で割りきれるならば、a，b，cはすべて3で割りきれるか、a，b，cのどれも3で割りきれないかのどちらかであることを示せ。

(2) a，b，cのうち偶数が少なくとも2つあることを示せ。

(2000年　横浜国立大学)

解法の道しるべ

(1)

◆「ある自然数が3で割りきれるか、3で割りきれないか」がこの問題のテーマですが、これをどう処理するかが大きなポイントです。「3で割りきれる数」というのは3の倍数、「3で割りきれない数」というのは3の倍数ではない、ということですが、これをどう式に表せばよいでしょう？

ここで【第12問】でやったことを思い出しましょう。あの問題では、「5で割った余り」に注目し、たとえば「5で割って2余る数」を$5k+2$（kは整数）のように置いて考えましたね。本問でもそれを発想できればよいスタートがきれます。

◆整数kを使って、「3で割りきれる数」というのは$3k$と表せますが、「3で割りきれない数」はどうしましょう？　そのために、「3で割りきれない数」を「3で割った余りが1の数または2の数」と読みかえることで、「$3k+1$または$3k+2$」という式で表現することができます（少し高度に、これらをまとめて$3k\pm1$と処理することもできますが、本書ではわかりやすさを優先し、「$3k+1$または$3k+2$」で進めることにします）。

◆本問では、全体を通して自然数a，b，c，dそれぞれの2乗が扱われています。ですので、ここで「3で割った余りとその2乗の数の関係」がどうなるかを検討して、【解説】に移りたいと思います。

たとえばaが3で割りきれるとき、$a=3k$なので$a^2=(3k)^2=9k^2$であり、aが3で割りきれないとき、$a=3k+1$または$3k+2$なので、

$a=3k+1$では、$a^2=(3k+1)^2=(3k)^2+2\times 3k\times 1+1^2=9k^2+6k+1$

$a=3k+2$では、$a^2=(3k+2)^2=(3k)^2+2\times 3k\times 2+2^2=9k^2+12k+4$

となります（2乗の展開公式を使っています）。

◆この一見バラバラなように見える式をどう評価するかですが、この2乗した式の「3で割った余り」にふたたび注目してみましょう。すなわち、

$a=3k$のとき、$a^2=9k^2=3\times(3k^2)$

$a=3k+1$のとき、$a^2=9k^2+6k+1=3\times(3k^2+2k)+1$

$a=3k+2$のとき、$a^2=9k^2+12k+4=3\times(3k^2+4k+1)+1$

そうすると何か見えてきませんか？　そう、aが3で割りきれるとき、a^2も3で割りきれる（3で割った余りが0）ことがわかり、aが3で割りきれないとき、すなわち$a=3k+1$または$a=3k+2$のとき、これらはともにa^2を3で割った余りが1であることがわかります！

ここまでで、この問題の折り返し地点ぐらいに到達です。では、続きを考えてみましょう！

(2)

◆今度は、「偶数」がテーマです。偶数でない自然数はぜんぶ奇数なので、結局、a，b，c，dが偶数なのか奇数なのかを扱う問題になります。そして示したいのは、$a^2+b^2+c^2=d^2$を満たすような自然数a，b，c，dを持ってきた場合、偶数が少なくとも2つある（必ず2つ以上の偶数がある）ことを示すのがこの問題のゴールです。

◆ここでもやはり2乗を扱うことになるので、ある自然数aが偶数の場合と奇数の場合で、その数を2乗したものがどうなるのかを考えてみましょう。

aが偶数すなわち$a=2k$（kは整数）のとき、$a^2=(2k)^2=4k^2$

aが奇数すなわち$a=2k+1$のとき、$a^2=(2k+1)^2=4k^2+4k+1$ですね。

そしてこれらをどう評価し、どう使うかになるわけですが…、考えてみましょう！

解説 「左辺」と「右辺」の“余り”で整合性を考える

(1)

【解法の道しるべ】でわかったことは、

『aが3で割りきれるとき、a^2を3で割った余りは0、

aが3で割りきれないとき、a^2を3で割った余りは1』

（この条件を（＊）とします）

というものでした。

そしてここから先、$a^2+b^2+c^2=d^2$の関係を満たす自然数a，b，c，dを考えていくのですが、「3で割った余り」に注目して解いていくことにします。

まず条件よりdは3で割りきれる数なので、d^2も3で割りきれる、すなわち3で割った余りが0であることが確認できます。

ここで仮にaとbが3で割りきれて、cが3で割りきれないとします。このとき（＊）により、a^2とb^2を3で割った余りがそれぞれ0、c^2を3で割った余りは1となるので、$a^2+b^2+c^2=d^2$の左辺を3で割った余りは、$0+0+1$で1になるはずです。ところが、先ほど確認したとおり右辺（d^2）を3で割った余りは必ず0でしたので、3で割った余りが左辺と右辺で異なることになってしまい、矛盾が生じてきます。

この矛盾はそもそも、もとの仮定が違っていたことに起因しています。つまり、「aとbが3で割りきれて、cが3で割りきれないことはない」ということが証明されたことになります。a，b，cはまったく同等に扱えるので、これはすなわち、「a，b，cのうち2個が3で割りきれ、1個が3で割りきれないことはない」ということが示せたことになります。

だんだんとゴールが見えてきましたね。先に挙げたような a，b，c をそれぞれ3で割った余りについて、すべてのパターンを考えることはそれほど大変ではありません。結論をいうと、以下の4つのパターンに集約されます。

(i) a，b，c すべてが3で割りきれる

(ii) a，b，c のうち、2個が3で割りきれて、あとの1個が3で割りきれない

(iii) a，b，c のうち、1個が3で割りきれて、残りの2個が3で割りきれない

(iv) a，b，c すべてが3で割りきれない

では順に考えていきましょう。

(i)のとき、(＊) より、a^2，b^2，c^2 を3で割った余りはすべて0になるため、左辺を3で割った余りは、$0+0+0=0$ です。右辺を3で割った余りも0でしたので、このパターンの a，b，c は存在することがわかります。

(ii)のパターンは先ほど見たとおり、存在しえないことがわかりました。

(iii)のとき、(＊) より、a^2，b^2，c^2 を3で割った余りは、1個が0で残り2個が1です。よって左辺を3で割った余りは、$0+1+1=2$ となり、右辺を3で割った余りが0であることに反します。

(iv)のとき、(＊) より、a^2，b^2，c^2 を3で割った余りはすべて1になるため、左辺を3で割った余りは、$1+1+1=3$ となります。ところで、3という数値は3で割ると余りが0であるため、結局この左辺は、3で割った余りが0になるはずです。そして右辺を3で割った余りも0なので、このような a，b，c，d は存在できます。

以上より、$a^2+b^2+c^2=d^2$ のとき d が3で割りきれるならば，a，b，c はすべて3で割りきれるか，a，b，c のどれも3で割りきれないかのどちらかであることが示せました！　めでたしめでたし！

(2)

【解法の道しるべ】では、次のことがわかりました（以下の k は整数）。

『a が偶数のとき $a^2=4k^2$，a が奇数のとき、$a^2=4k^2+4k+1$』

(1)と同じように考えましょう。今度は 4 で割った余りを考えることにより、$4k^2=4\times k^2$、$4k^2+4k+1=4\times(k^2+k)+1$ と変形できることから、

『a が偶数のとき、a^2 を 4 で割った余りは 0,
a が奇数のとき、a^2 を 4 で割った余りは 1』
（この条件を（†）とします）

がいえます。

では、これを使って本問で求められている「$a^2+b^2+c^2=d^2$ のとき、a，b，c のうち偶数が少なくとも 2 つ（2 つ以上が偶数）」であることを示していきましょう。

ところで、ここでは d が偶数か奇数なのかは書かれていないので、両方の場合を検討する必要がありますね。

まず d が偶数の場合を考えます。（†）より、d^2 を 4 で割った余りは 0 です。そして、(1)と同じように a，b，c の偶数と奇数の個数と、左辺 $a^2+b^2+c^2$ を 4 で割った余りのパターンを考えていきましょう。

(i)「a，b，c がすべて偶数」の場合、左辺 $a^2+b^2+c^2$ を 4 で割った余りは、$0+0+0=0$ であり、これは右辺 d^2 を 4 で割った余り 0 に合致します。

(ii)「a，b，c のうち、2 個が偶数、1 個が奇数」の場合、左辺を 4 で割った余りは、$0+0+1=1$ であり、これは右辺を 4 で割った余り 0 と異なるため、このパターンは存在しません。

(iii)「a，b，c のうち、1 個が偶数、2 個が奇数」の場合、左辺を 4 で割った余りは、$0+1+1=2$ となり、右辺を 4 で割った余り 0 と異なるので、これも NG です。

(iv)「a，b，c がすべて奇数」の場合、左辺を 4 で割った余りは、$1+1+1=3$、右辺を 4 で割った余りは 0 なので、このパターンもありません。

以上より、「d が偶数の場合、a，b，c はすべて偶数」であることがわかりました。

では、続いて d が奇数の場合です。この場合、(†)より、d^2 を 4 で割った余りは 1 になります。

また、先の(i)〜(iv)で見た a，b，c の偶数奇数の個数と、$a^2+b^2+c^2$ を 4 で割った余りの関係はそのまま使えるので、左辺を 4 で割った余りが右辺 d^2 を 4 で割った余りの 1 と一致するのは、(ii)のパターンです。すなわち、「d が奇数の場合、a，b，c のうち 2 個が偶数で 1 個が奇数」であることが示せました。

以上より、自然数 a，b，c，d が $a^2+b^2+c^2=d^2$ を満たしているとき「すべての d において、a，b，c のうち偶数は 3 個か 2 個」であることがいえました。そしてこれはまさしく、「a，b，c のうち偶数が少なくとも 2 つある」ことを示せたことになりますね！　これでめでたく終了です！

答え

【解説】参照。

振り返り

【第 12 問】（77 ページ）でも扱った、「余りがいくつになるかで場合分けをする」というのは、整数問題の重要テーマのひとつです。今回の問題で、その有効性を感じてもらえたのではないかと思います。整数の世界は奥が深いですね！　ただ、まだこれは整数論の世界ではほんの序の口の序の口です。興味がある方は、もっと深く「整数」の世界を掘ってみるのもいいかもしれませんね！

第17問

nを自然数とする、n, $n+2$, $n+4$がすべて素数であるのは$n=3$の場合だけであることを示せ。

（2004年　早稲田大学）

解法の道しるべ

◆問題はとてもシンプルです。これまでにも再三出てきた「素数」ですので、この問題がいわんとするところはわかると思います。

ただ、「問題の意味がわかる」ことと「その問題を解ける」ことはまったく別ですよね（笑）。はてさて、いったいどうしましょう…？

◆条件を満たすnが3だけということは、裏を返せば3ではないnはすべて条件を満たさない、ということになります。

実際、n, $n+2$, $n+4$のnにそれぞれ$n=3$を代入してみましょう。すると、3つの数は3と5と7になり、確かにこれらはすべて素数です。ですので、$n=3$が条件を満たすことはわかります。問題なのは、「3ではないnでは、n, $n+2$, $n+4$がすべて素数になるようなnはない」ことをいかに示すかです。

◆ここでも、方針を立てるためにシミュレーションが有効です。つまり、nに1から順に自然数を入れていってみましょう。すると、途中で何かに気づくかもしれません。

$n=1$のとき、3つの数は「1と3と5」です。1は素数ではありませんのでNGです。

$n=2$のとき、3つの数は「2と4と6」です。2は素数ですが、4と6は素数ではないのでNGです。

$n=3$のときは、先ほど見たようにOKです。

$n=4$のとき、3つの数は「4と6と8」です。nである4がすでに素数ではないので、当然NGです。ちなみに、偶数は2だけが素数で、4以上の偶数は素数にはなりません(偶数は必ず2という約数を持つからです)。ですので、偶数であるnはすべて適さないことがわかりました。

$n=5$はどうでしょう？「5と7と9」ですね。5と7は素数ですが、9は3で割れるので素数ではありません。なので、これもやっぱり「不適」です。

次の奇数は$n=7$です。3つの数は「7と9と11」です。9は素数ではないのでNGです。

あと少し進みましょうか？　$n=9$はすでに素数ではない（そもそもnが素数であることが大前提です）ので、次に検討したいのは$n=11$です。このとき、3つの数は「11と13と15」です。あー、惜しい。11と13は素数ですが、15は3や5で割れるので素数ではないですね。

とまあ、ここまでしばらくシミュレーションしてきました。nが偶数のときに「不適」なのはわかりました。そして、n自身が素数でなければいけないこともわかりました。でも、11より大きい素数についてはまだわかりません。そして素数は無限にあることが知られているので、ずっと代入し続けるわけにもいきません。

うーん、困りました。どうしましょうか…？

すべてのnを具体的に挙げることはできないので、いずれにせよ、何らかの切り口でnを「一般化」してやる必要があります。

じゃあ、うまく説明をつけるためのその「ある切り口」とは？

◆少しシミュレーションを振り返ってみましょう。ずっとNGだった偶数とは、言い換えれば2で割りきれる数(2で割った余りが0の数)ですね。また、奇数とは2で割って1余る数のことです。そして、すべての自然数は、2で割った余りが0か1ですね。つまり、これはすべての自然数を、「2で割った余りが0か1」という切り口で一般化した表現ということができます。

ただ、先ほど見たように、これではちょっとうまくいきそうにありません。では次に何を発想するか？

2の次の数は何ですか？　そう、3ですね。「3で割った余り」で一般化です！　なお、ここでの「一般化」とは、個別・具体的な値のみについて示すのではなく、条件を満たすすべての場合（数）について示すことを表しています。

解説　すべてのnを3で割った“余り”で分けて考える

【解法の道しるべ】でいろいろ検討してきた結果として、ここではいきなり核心から始めていきましょう。つまり、nを3で割った余りで一般化してみることにします。すなわち、すべての自然数nはkを使って、
$n=3k,\ 3k+1,\ 3k+2$（……（＊））と表せます。

ここで、kに厳密性を持たせることを考えます。nは「自然数」なのでkは少なくとも整数である必要がありますが、たとえば$k=-2$だと、nは自然数になりません。では、kも自然数であればいいかというと、その場合、（＊）でnは3以上の自然数は表せますが、$n=1$と$n=2$が（＊）では表せないことになります。また、kを「0以上の整数」とすると、今度は（＊）には$n=0$が紛れ込んでしまいます（0は自然数ではありません）。

この解消方法として、次のようにnが1や2の場合を別個に考えることで進めていくことにします。

$n=1$のとき、$(n, n+2, n+4)=(1, 3, 5)$ですが、1は素数ではないのでNGです。

$n=2$のとき、$(n, n+2, n+4)=(2, 4, 6)$で、4と6が素数ではないのでNGです。

そして、$n \geqq 3$のすべての自然数は、自然数kを用いて
$n=3k,\ 3k+1,\ 3k+2$と表せる。

このようにすれば、（＊）を使ってスムーズにすべての自然数nが表現できますね。

では、$n \geqq 3$ の場合を進めていきましょう。

これまで見たように、n をそれぞれ $n=3k$，$3k+1$，$3k+2$ の場合に分けて考えていきます（k は自然数）。

$n=3k$ のとき、$(n, n+2, n+4)=(3k, 3k+2, 3k+4)$ です。

ここで $k=1$ のとき $(3k, 3k+2, 3k+4)=(3, 5, 7)$ となり、これらはすべて素数なので、条件を満たします（これは【解法の道しるべ】でも確認しましたね）。

$k \geqq 2$ のとき、$(n, n+2, n+4)=(3k, 3k+2, 3k+4)$ の中で $3k$ は素数ではなくなるので、適さないことがわかります。

では次に、$n=3k+1$ を考えてみます。いったいどんな展開になるんでしょう？　楽しみですね！（笑）

このとき、$(n, n+2, n+4)=(3k+1, 3k+3, 3k+5)$ となります。

…おお！　真ん中の $3k+3=3\times(k+1)$ は、3 の倍数ですね！　しかも $k+1$ は 2 以上の自然数なので、6 以上の 3 の倍数です。なので、これは素数ではあり得ないですね！（3 の倍数であっても、3 は素数です。あくまで、「6 以上の 3 の倍数」が素数ではないのですね）

以上より、$n=3k+1$ のときは真ん中の $n+2$ が素数にならないことから、条件を満たさないことがわかります。

では、最後の一歩です。$n=3k+2$ を考えましょう。

このとき $(n, n+2, n+4)=(3k+2, 3k+4, 3k+6)$ なので…おお！

$3k+6=3\times(k+2)$ なので、これも 3 ではない（3 より大きな）3 の倍数になるため、素数ではないですね！　つまり、$n=3k+2$ のときは 3 つめの数 $n+4$ が素数にならないので、この場合も条件を満たしません。

つまり、3 以上のすべての自然数 n について、n，$n+2$，$n+4$ がすべて素数であるのは $n=3$ の場合しかないことが示せました！

すでに見たように$n=1$と$n=2$も適しません。つまり、すべての自然数で条件を満たすのは3だけです！

やった————!!

答え

【解説】参照。

模範解答

(I)　**$n=1$のとき**

$(n, n+2, n+4)=(1, 3, 5)$

1は素数ではないので不適。

(II)　**$n=2$のとき**

$(n, n+2, n+4)=(2, 4, 6)$

4，6は素数ではないので不適。

(III)　**$n \geqq 3$のとき**

3以上の自然数はすべて、自然数kに対し

$n=3k, \ 3k+1, \ 3k+2$

のいずれかで表せる。

(i)　**$n=3k$のとき**

$(n, n+2, n+4)=(3k, 3k+2, 3k+4)$

$k=1$のとき$(3k, 3k+2, 3k+4)=(3, 5, 7)$となり、

これらはすべて素数となるので、題意を満たす。

このとき、$n=3$

$k \geqq 2$のとき$3k$は素数でないので不適。

(ii)　**$n=3k+1$のとき**

$(n, n+2, n+4)=(3k+1, 3k+3, 3k+5)$

この3数のうち、$3k+3=3(k+1)$で

これは6以上の3の倍数であるので、素数ではない。

よって、不適。

(iii) $n=3k+2$ のとき

$(n, n+2, n+4)=(3k+2, 3k+4, 3k+6)$

この3数のうち、$3k+6=3(k+2)$ で

これは9以上の3の倍数であるので、素数ではない

よって、不適。

(i)〜(iii)より、

$n \geqq 3$ の自然数に対し、題意を満たすものは

$n=3$ のみである。

(I)〜(III)より、

すべての n に対し、題意を満たすものは

$n=3$ のみであることが示された。

(証明終わり)

振り返り

唐突に「3で割った余りに注目しましょう！」といわれても、なかなかピンとこないかもしれません。「偶然でしょ」で終わらせたらせっかくの大事な1問がもったいないので、なぜ本問が「3で割った余りを考えることで解けるのか」を解説したいと思います。

n, $n+2$, $n+4$ という3つの数と、「3で割った余り」の関係性はどんなものでしょうか？　真ん中の $n+2$ の2という数は「3で割った余りが2」で、最後の $n+4$ の4という数は「3で割った余りが1」の数ですね。また、n を $n+0$ と考えると、0という数は「3で割った余りが0」です。つまり、

・$n+0 \to n+$ (3で割った余りが0)

・$n+2 \to n+$ (3で割った余りが2)

・$n+4 \to n+$ (3で割った余りが1)

と言い換えることができます。

これが意味するところは、

・n が3の倍数（3で割った余りが0）なら、$n+0$ を3で割った余りは0

・n が3で割った余りが1なら、$n+2$ を3で割った余りは、

（余り1）＋（余り2）＝（余り3）＝（余り0）

・n が3で割った余りが2なら、$n+4$ を3で割った余りは、

（余り2）＋（余り1）＝（余り3）＝（余り0）

すなわち、n を3で割った余りが0でも1でも2でも、n，$n+2$，$n+4$ のうちのどれかは必ず3で割りきれることがわかります。この問題の本質はそこにあります。そして、「6以上の3の倍数はすべて素数ではない」ことから、答えが限定されるわけです。

この問題は、「すべての自然数 n」をどうやって一般化するかというところが最大のポイントです。そして、問題の本文を見ただけではなかなか発想が難しいと思いますが、「3で割った余り」で考えてやることが、ご覧のとおり大きな威力を発揮することになりました。

ぜひ本問からも、数学の醍醐味を味わってもらえたらと思います。

第3章

図形問題

図形問題は幾何学とも呼ばれ、数学の大きな分野のひとつです。空間認識能力はもちろん、想像力や推理力を鍛えるのにも役立ちます。

幾何学の歴史は、紀元前から連綿と続いています。その悠久のロマンを感じながら、解き進めていきましょう。

基本定理・公式

三角形の外角の性質

第22問

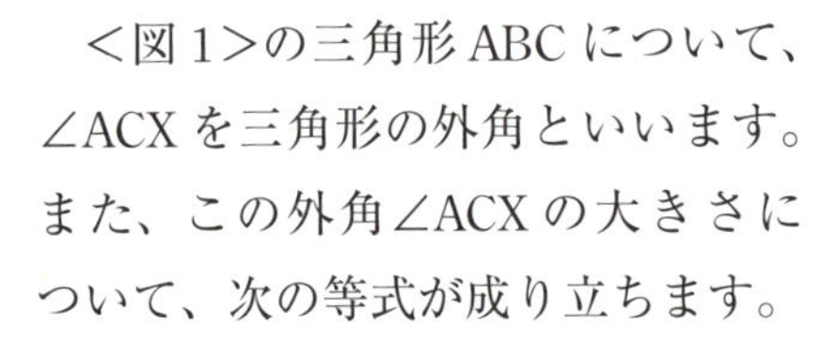

<図1>の三角形ABCについて、∠ACXを三角形の外角といいます。また、この外角∠ACXの大きさについて、次の等式が成り立ちます。

$$\angle ACX = \angle ABC + \angle BAC$$

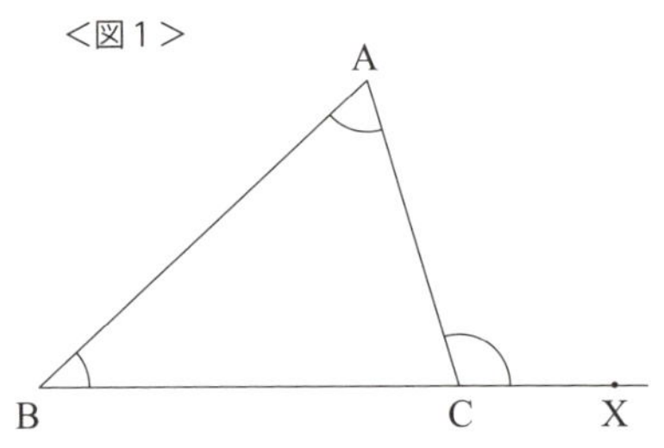

これは、三角形の内角(内側の角)の和が180°であることと、直線BXに関して∠BCX＝180°であることから説明することができます。

三平方の定理

第19問、第21問、第22問、第23問、第25問

三平方の定理（別名：ピタゴラスの定理)とは、直角三角形において、直角をはさむ2辺（辺ACと辺CB）の長さの2乗の和が、斜辺（辺AB）の長さの2乗に等しくなる、という定理です。つまり、<図2>において、$a^2+b^2=c^2$となります。

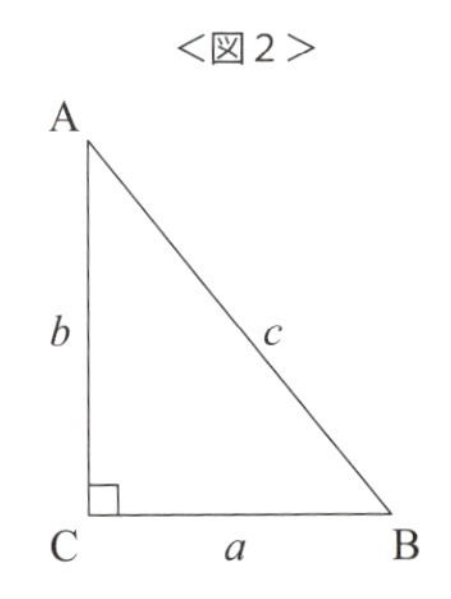

これには様々な証明の方法が、長い歴史をとおして試みられています。

本書では割愛しますが、興味のある方はインターネット等で調べてみるとよいでしょう。

また逆に、三角形の３辺 a, b, c が $a^2+b^2=c^2$ を満たすとき、その三角形は c を斜辺とする直角三角形になることも知られています。

特別な直角三角形の辺の比

第 20 問、第 24 問、第 25 問

直角三角形の中でも、三角定規に採用されている次の２つの直角三角形は図形の問題に頻繁に登場してきます。その性質と、各辺の比を確認しておきましょう。

●直角二等辺三角形

＜図３＞のように直角をはさむ２辺の長さが等しい三角形を直角二等辺三角形といいます。この三角形では、直角でない２角の大きさは等しく、ともに45°になります。また、図の三角形(以下記号△で示します)ABC において、辺の長さの比は、

＜図３＞

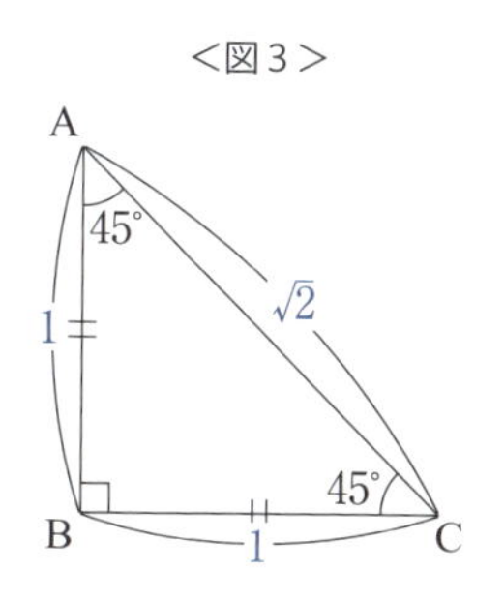

AB：BC：AC＝1：1：$\sqrt{2}$になります（これは、正方形の対角線の長さが、正方形の１辺の長さの$\sqrt{2}$倍になることと同じです）。

●直角以外の２角が 30° と 60° の直角三角形

＜図４＞の△ABC のように、直角以外の角が 30° と 60° の直角三角形は、辺の長さの比が

BC：AC：AB＝1：2：$\sqrt{3}$ になります。なお、この三角形は、正三角形をちょうど半分に切った形になっています。

＜図４＞

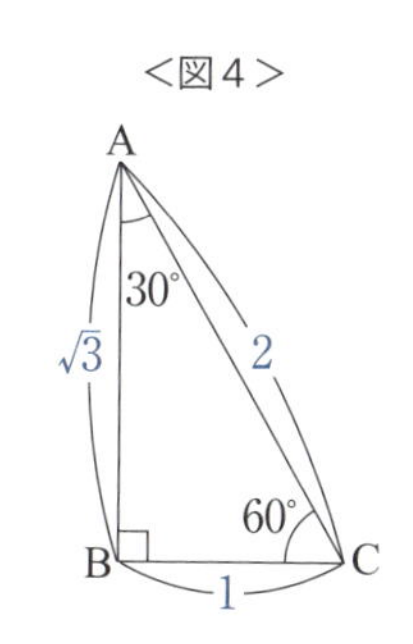

円の弦に下ろした垂線

第22問

<図5>

O

A H B

<図5>において、円周上の2点A，Bを結んだ線分を「弦」といいます。そして、円の中心Oから弦に下ろした垂線の足（ある点からある直線に垂線を下ろしたとき、その垂線と直線との交点を「垂線の足」といいます）をHとした場合、その点は弦を2等分します。すなわちAH＝BHとなります。

なぜこれがいえるのかを簡単に証明してみましょう。△OHAと△OHBにおいて、OA＝OB（同じ円の半径なので）、OH＝OH（共通）、∠OHA＝∠OHB＝90°であることから△OHAと△OHBが合同（まったく同じ形で、大きさも同じ図形同士のこと）であることが示せるため、AH＝BHがいえるわけです。

円周角の定理

第18問、第21問、第22問

<図6>

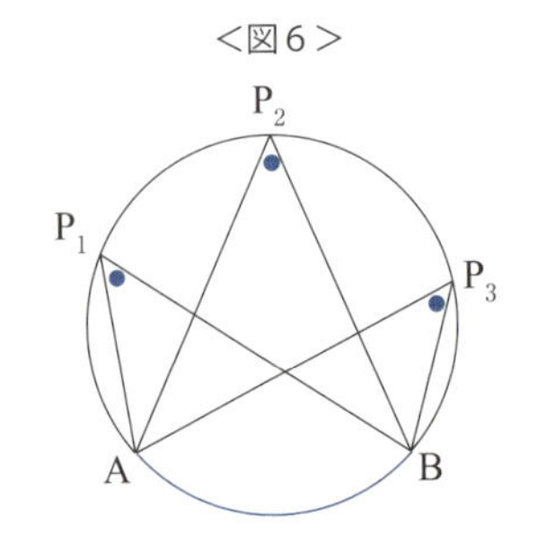

円周上の2点A，Bによって切り取られた円周の一部を「弧」といいます（<図6>の青い部分が弧ABです）。また、円周上にA，B以外の点P_1を取ったとき、$\angle AP_1B$を弧ABに対する「円周角」といいます。

円において、ある弧に対する円周角の大きさはすべて等しくなります。すなわち<図6>において、弧ABに対する円周角より、

$\angle AP_1B = \angle AP_2B = \angle AP_3B$ が成り立ちます。

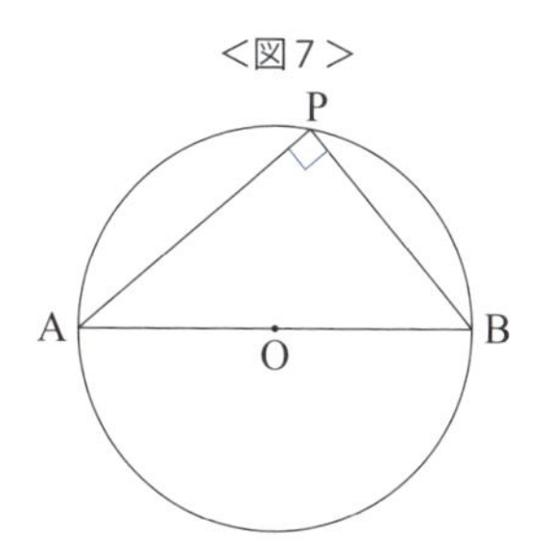

また、直径に対する円周角は90°となります。つまり、＜図7＞において、ABを直径とした場合（線分ABが円の中心Oを通る場合）、$\angle APB = 90°$ となります。

円の接線の性質

第18問、第19問、第21問、第22問

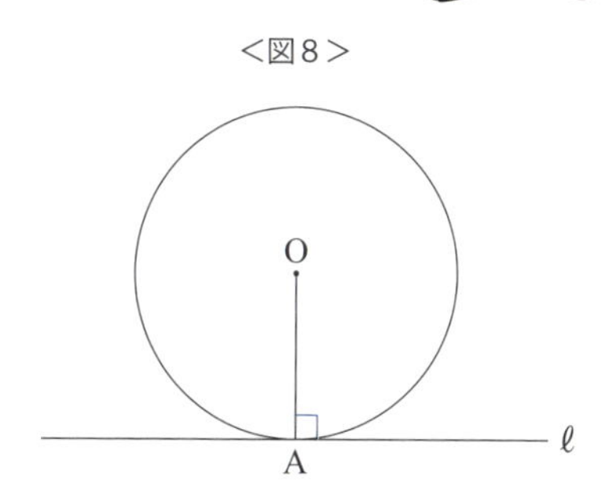

円に接する直線（円の接線）について、その接点と円の中心とを結んだ線分と接線は直交します。つまり、＜図8＞において、直線ℓが円Oに接しており、その接点をAとするとき、$OA \perp \ell$ が成り立ちます（⊥は垂直を意味します）。

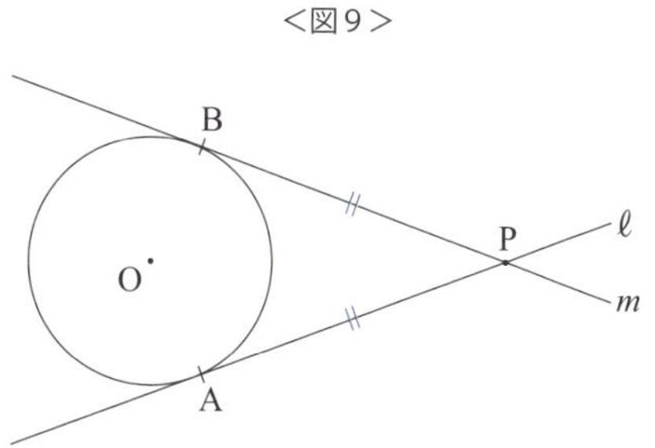

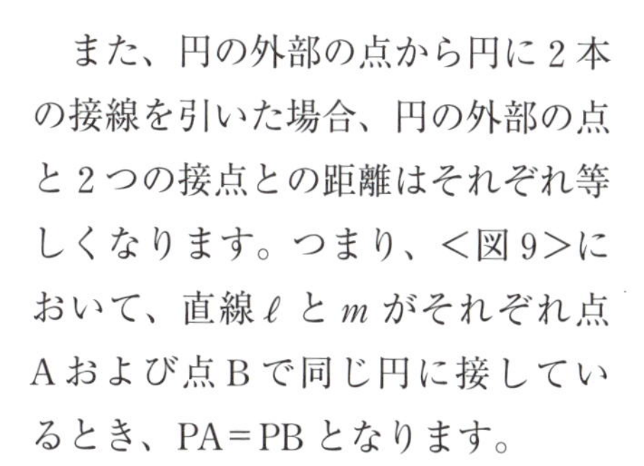

また、円の外部の点から円に2本の接線を引いた場合、円の外部の点と2つの接点との距離はそれぞれ等しくなります。つまり、＜図9＞において、直線ℓとmがそれぞれ点Aおよび点Bで同じ円に接しているとき、PA＝PBとなります。

方べきの定理

第22問

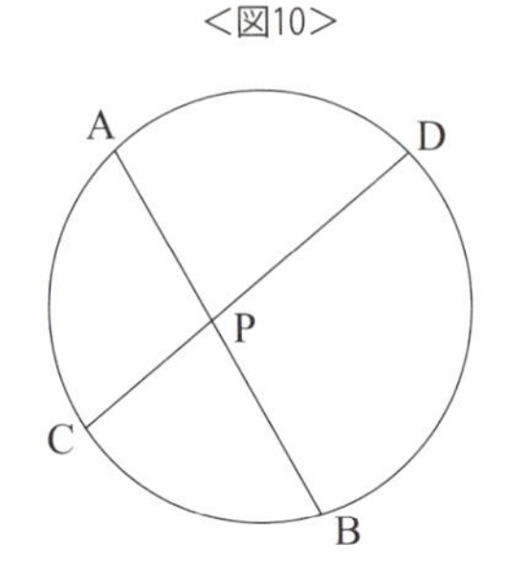

ある円と円の内部で交わる2本の直線を考えるとき、2本の直線はそれぞれ、円と2点で交わります。この円と直線の交点を<図10>の上の図のようにA，B，C，Dと定め、2直線の交点をPとしたとき、次の式が成り立ちます。

$$AP \times BP = CP \times DP$$

これを方べきの定理といいます。

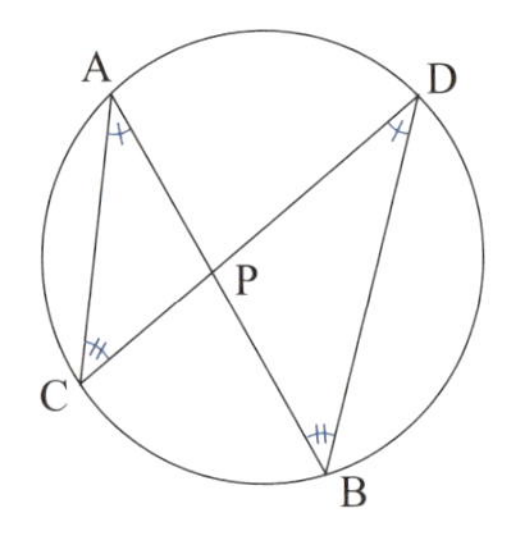

方べきの定理の証明を簡単に紹介しましょう。<図10>の下の図で弧BCに対する円周角より∠CAP＝∠BDP、弧ADに対する円周角より∠ACP＝∠DBPとなるので△ACPと△DBPにおいて2つの角がそれぞれ等しくなるため、△ACPと△DBPは相似になります（形が同じで大きさが異なる図形同士を「相似」といいます）。相似な図形は、対応する辺の比がすべて等しいので、AP：DP＝CP：BPがいえます。そして、比例式は内側同士の積と外側同士の積が等しくなるので、これでAP×BP＝CP×DP（方べきの定理）がいえたことになります。

なお上では、2直線の交点が円の内部にくる場合を考えましたが、交点が円の外部にある場合でも方べきの定理が成り立ちます（詳細は本書では省略します）。

三角形の内心・外心・重心・垂心

第 21 問、第 22 問、第 25 問

三角形において、次の点を定義することができます。

●内心

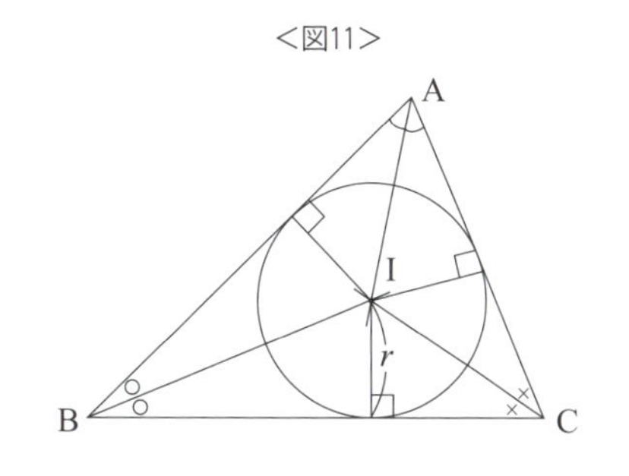

三角形の内部にあり、その三角形の各辺と接するような円を「内接円」といいます。そして、内接円の中心を「内心」といいます。内心と 3 辺との距離はそれぞれ等しくなります（これがそれぞれ内接円の半径です）。また、三角形の 3 角のそれぞれの二等分線は 1 点で交わり、これが「内心」に相当します。なぜなら、角の二等分上の点はその角をつくる 2 辺から等距離にあるため、3 本の角の二等分線が交わる点は、3 辺から等距離にあるといえるからです。<図 11>において、点 I が内心（内心は I という記号で表されることが多いです）、r が内接円の半径です。

●外心

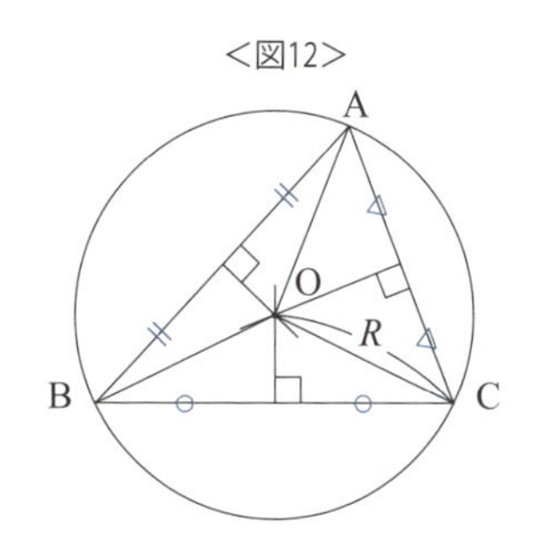

三角形を内部に含むような形で、その三角形の各頂点が円周上にくるような円を三角形の「外接円」といいます。そして、外接円の中心を「外心」といいます。外心と 3 頂点との距離はそれぞれ等しくなります（これがそれぞれ外接円の半径です）。また、三角形の 3 辺の垂直二等分線はそれぞれ 1 点で交わり、これが「外心」に相当します。なぜなら、線分の垂直二等分上の点はその線分の両端から等距離にあるため、3 本の垂直二等分線が交わる点は、3 頂点から等距離にあるといえるからです。<図 12>において、点 O が外心（外心は O という記号で表されることが多いです）、R が外接円の半径です。

●重心

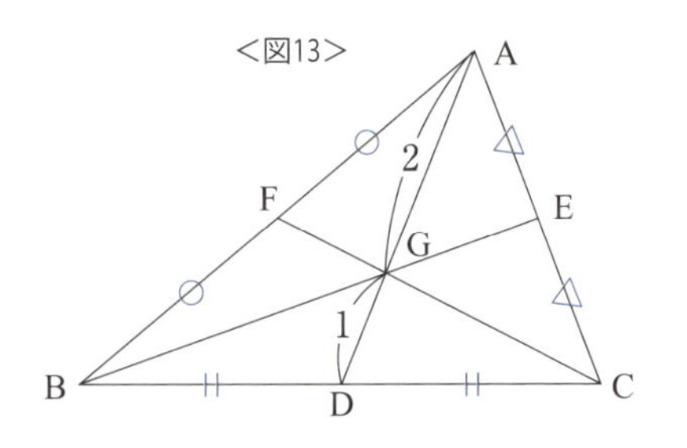

三角形の頂点から向かい合う辺の中点に引いた線分を中線といいます。三角形において中線は3本引けますが、これらは1点で交わります。この交点を「重心」といいます（たとえば段ボール紙で三角形をつくり、このように重心を定めた場合、指で重心を支えると、うまく段ボールの三角形はつり合ってくれます）。また重心は、それぞれの中線を2：1の比に分けます。たとえば、<図13>において、重心をG（重心はGという記号で表されることが多いです）とした場合、

AG：GD＝BG：GE＝CG：GF＝2：1となります。

●垂心

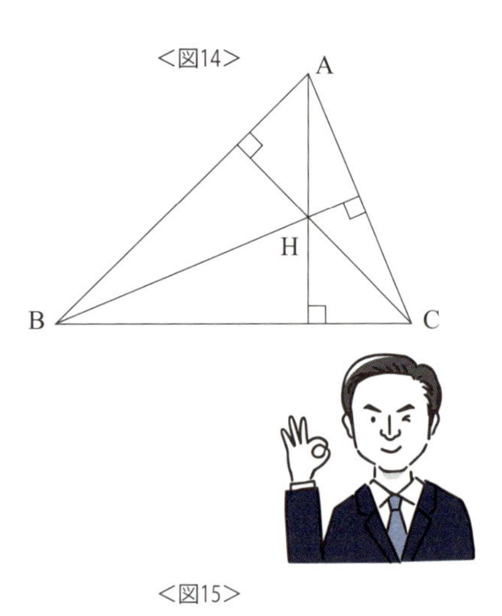

三角形の各頂点から向かい合う辺に垂線を下ろしたとき、これら3本の垂線は1点で交わります。これを「垂心」といいます。<図14>のHが垂心です（垂心はHで表されることが多いです）。

平面と直線の垂直関係

第23問

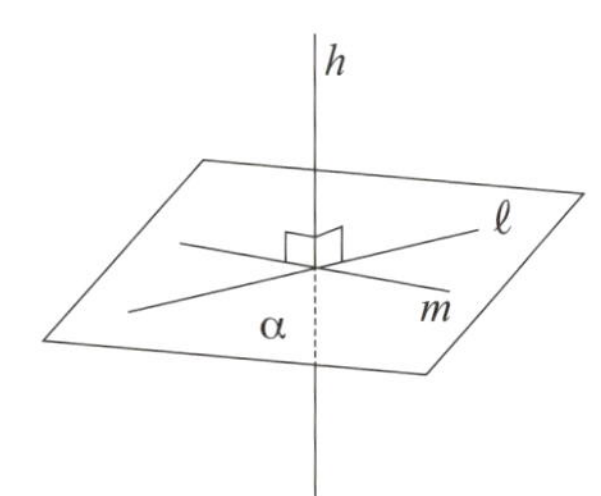

右の<図15>において、平面α上の平行でない2直線ℓ, mについて、ある直線hが$h\perp\ell$かつ$h\perp m$を満たすとき、平面αと直線hは垂直である（$\alpha\perp h$）といいます。

また逆に$\alpha\perp h$のとき、平面α上のあらゆる直線はhと垂直になります。

図形問題

第18問

右図のような点Oを中心とする円において、弦ABと点Aにおける接線ℓとのなす角∠BATは、その角内にある弧ABに対する円周角∠APBに等しいことを証明せよ。ただし、∠BATは鋭角とする。

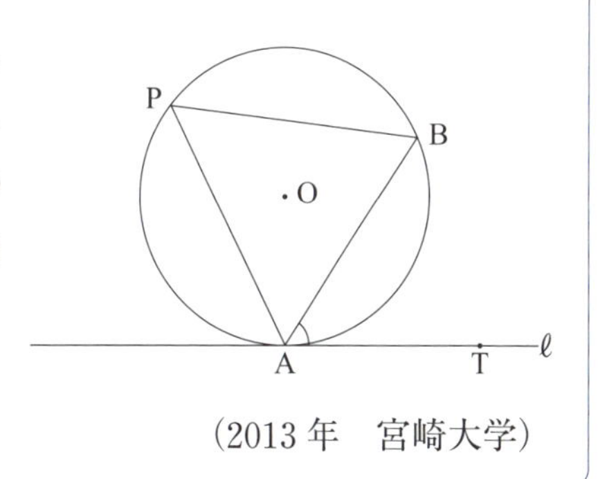

(2013年　宮崎大学)

解法の道しるべ

◆図形の証明問題です。この結論は「接弦定理」と呼ばれる有名なもので、昔学校で習ったことを覚えている方もいるかもしれません。図のような直線に接する円について、必ず∠BAT＝∠APBが成り立ちます。しかも、これは点Pが劣弧AB（2つある弧ABのうち、長さが長いほうの弧）のどこにあっても成り立ちます。

かなり特徴的で面白い性質ですね！　本問はこれを証明する問題です（なお、本問にある「鋭角」とは、90°より小さい角のことをいいます）。

◆「接弦定理」というものがあったようなことはうっすら記憶していたとしても、なぜその結論が導けるのかをぱっと答えられる人はほとんどいないと思います。ですので、これを機にあの青春の日々の数学を思い出してみましょう（笑）。

【基本定理・公式】（114ページ）で見たとおり、ある弦ABに対する円周角の大きさは、必ず一定となります。ですので、本問でも点Pが劣弧AB のどこにあろうが、∠APB は一定です。そして、これが∠BAT に等しいことを証明するのが本問のゴールです。∠APB は一定ですが、∠BAP や∠ABP は点Pの位置によって変化するので扱いが難しいかもしれません。

ポイントとなるのは、点Pがどこにあろうが∠APB が一定なのであれば、一番考えやすい点Pをこちらで設定してやればよい、という発想です。ではどんな位置に点Pがあれば一番考えやすいでしょう？　それは、PとOとAがちょうど一直線上になるようなときです！

まずはその図を描いてみて、その図を見ながら【基本定理・公式】の中から使えそうなものを考えてみましょう。

解説　円の性質、接線の性質を効果的に使う

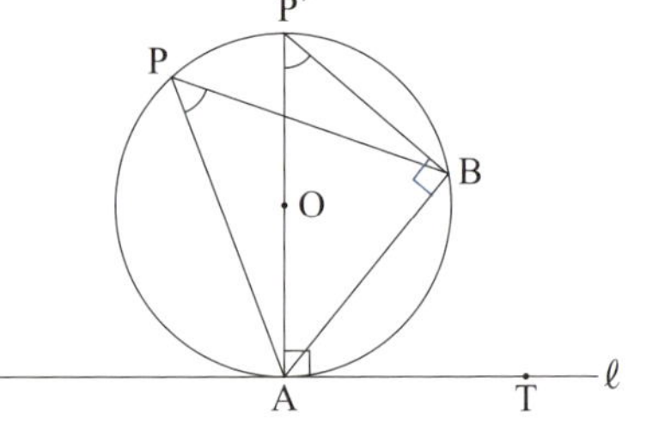

右図のように、直線OAと円の交点のうち、点Aではない点をP′とすると、∠APB と∠AP′B はともに弧AB に対する円周角なので、

$$\angle AP'B = \angle APB \quad \cdots\cdots ①$$

がいえます。

ここで、P′A は円の直径なので、それに対する円周角∠P′BA は90°になります（【基本定理・公式】参照)。

また三角形の内角の和は180°なので、

$$\angle AP'B = 180^\circ - (\angle P'AB + \angle P'BA) = 180^\circ - (\angle P'AB + 90^\circ)$$
$$= 90^\circ - \angle P'AB \quad \cdots\cdots ②$$

となります。

また【基本定理・公式】(115ページ）で見たように、円の接線と円の中心を結ぶ直線は垂直に交わるので∠P′AT = 90°となります。 ですので、

$$\angle BAT = \angle P'AT - \angle P'AB = 90^\circ - \angle P'AB \quad \cdots\cdots ③$$

がいえます。

よって、②と③より、

$\angle BAT = \angle AP'B$

がいえますね。これと①より、

$\angle BAT = \angle APB$

です。これで証明できました！

答え

【解説】参照。

振り返り

数学の図形問題で円はとてもよく扱われるテーマです。円の性質を確認しながら、それをその場その場の図形にうまく適用させていくことになります。今回登場した円の性質はどれもよく使われるものなので、知っておくとよいでしょう。

第19問

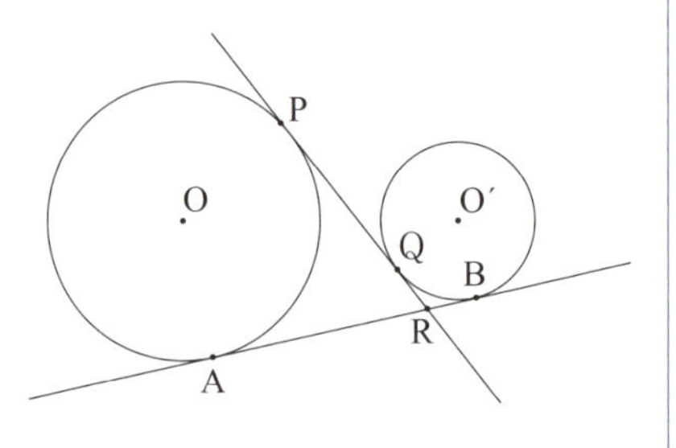

右の図において、直線ABは円O, O′にそれぞれ点A, Bで接していて、直線PQは円O, O′にそれぞれ点P, Qで接している。直線ABと直線PQの交点をRとする。円O, O′の半径をそれぞれr, r'とする。ただし、$r>r'$である。中心O, O′の距離が7で、AB＝5、PQ＝3であるとき、r, r'の大きさはr＝［　　］, r'＝［　　］であり、線分ARの大きさはAR＝［　　］である。

（2007年　北里大学）

解法の道しるべ

◆図が少しごちゃごちゃしていますが、求めたい場所に注目して必要な情報だけを拾い、いらない情報を見ないようにすることが大切です。

これは図形問題に限らず、数学を考える上では普遍的にいえることですが、「ゴールはどこか」をはっきりさせ、「そのために使えそうな情報は何か」を探し、「いま必要のない情報は脇に置いておく」という情報の整理が重要です。そして、いまわかっていることを適切に使い、論理を積み上げていくことによって、知りたいゴールに近づいていく、というのが数学の問題に対する望ましいアプローチの仕方です。

というより、これは数学に限ったことではなく、日々のビジネスやプライベートでも同じことがいえるかもしれませんね。数学はそのトレーニングだと考えると、数学の問題を解こうというモチベーションがより強くなるのではないでしょうか？

◆話が逸れてしまいました。本題に戻ります。

円と、それに接する接線が出てきたときは、とにもかくにも「円の中心と接点を結ぶ」ことで道が開けることが圧倒的に多いのです。そのとき、円の中心と接点を結んだ直線と接線は垂直に交わるので、そこから三平方の定理（【基本定理・公式】112ページ）などを使って知りたい長さを求めていく、というのが基本的な流れです。本問も、そこから始まります。

解説　適当な補助線を引いて、三平方の定理にもっていく

【解法の道しるべ】で触れたとおり、円の中心である点O，O′と、それぞれの円の接点である点A，Bを結ぶと、線分OA，線分O′Bはそれぞれ直線ABと直交します。

ここから、与えられた長さのうちOO′=7，AB=5が使えそうですね。ただOO′とABは少し離れているので、このままでは扱いづらそうです。では、どうすればうまく適用できるでしょうか？

右図のように、O′からOAに垂線を下ろしてみるといろいろ見えてきそうです。その足をHとします（ある点から直線に垂線を下ろしたとき、その交点を「足」といいます）。このとき、四角形O′HABに注目すると、3つの角が90°であることがわかるので、これは長方形であることがわかります（四角形の3つの角がそれぞれ90°であれば、当然残りの角も90°になります）。長方形の性質にはどんなものがありますか？　そうです、向かい合う辺の長さが等しいですね。よってHO′の長さも、ABと同じ5になります。

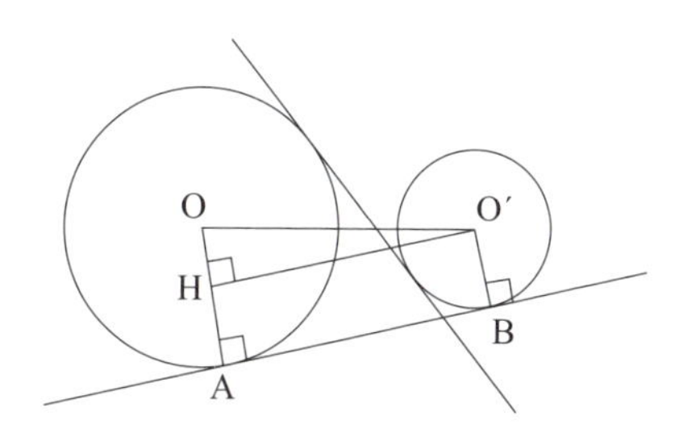

求めたいのは、円Oの半径rと、円O′の半径r'です。これは、この図ではどこに相当するかというと、OA=rでありO′B=r'です。そうすると、HA=O′Bから、HA=r'となり、OH=$r-r'$であることがわかります。

△OHO′は直角三角形ですね。さあ、三平方の定理の準備はよいですか？OO′=7なので、△OHO′について三平方の定理より、

$$OO'^2 = OH^2 + HO'^2$$

ですね。それぞれの長さを代入して、

$$7^2 = (r - r')^2 + 5^2$$

です。そして $r - r' > 0$ なので

$$r - r' = \sqrt{49 - 25} = \sqrt{24} = 2\sqrt{6} \qquad \cdots\cdots ①$$

がわかります。

まだこれだけでは、r と r' は定まらないですね。では、別の条件を使うことを考えましょう。まだ使っていない条件に、PQ＝3 がありました。これはどのように使いましょうか？

その前に、とりあえず O と P、O′と Q を結んでみましょう。すると、OP⊥PQ、O′Q⊥PQ ですね。これと PQ＝3 を絡ませるためにはどうしましょう？

先ほどは O′から OA に垂線を下ろしました。今度もそれを真似たいのですが、O′から線分 OP には垂線が引けないですね。ならば、OP を延ばしてしまいましょう。そして、OP の延長線に O′から垂直に下ろした足を I とすると、長方形が現れましたね！　そう、四角形 PQO′I が長方形です。

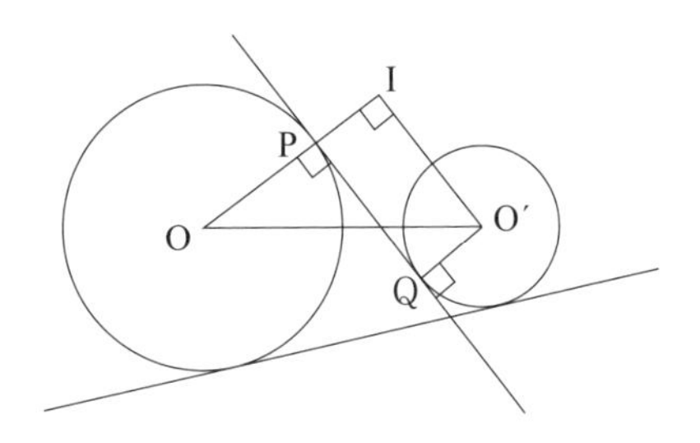

PQ＝IO′より、IO′＝3 ですね。そして、PI＝QO′なので PI＝r' で、OP＝r なので OI＝$r + r'$ となります。さらに OO′＝7 より、直角三角形 OIO′で三平方の定理が使えますね！

すなわち、

$$OO'^2 = OI^2 + IO'^2$$

$$7^2 = (r + r')^2 + 3^2$$

という式がつくれます。先ほどと似た美しい式ですね！　同じように $r + r' > 0$ なので

$$r + r' = \sqrt{49 - 9} = \sqrt{40} = 2\sqrt{10} \qquad \cdots\cdots ②$$

が求まりました。

これで、rとr'について①と②の２つの式が導けました。これらの連立方程式を解いてrとr'を求めるわけですが、ここは①と②の左辺同士、右辺同士を加えるのがラクでしょう。すると、r'がうまく消去されて、

$$2r=2\sqrt{6}+2\sqrt{10}$$

という式がつくれます。両辺２で割ることで、$r=\sqrt{10}+\sqrt{6}$と求まりますね！

r'については、rの答えを①か②に代入してもよいですし、②－①を左辺同士と右辺同士で計算してもよいでしょう。いずれにせよ、
$r'=\sqrt{10}-\sqrt{6}$が求まります！

では最後はARの長さですね。いま求めたrとr'を使って出せないかを考えてみます。うーん、と図を見ながらいろいろ可能性を探してみましょう。いくつか補助線を引いてみるのもいいかもしれません。

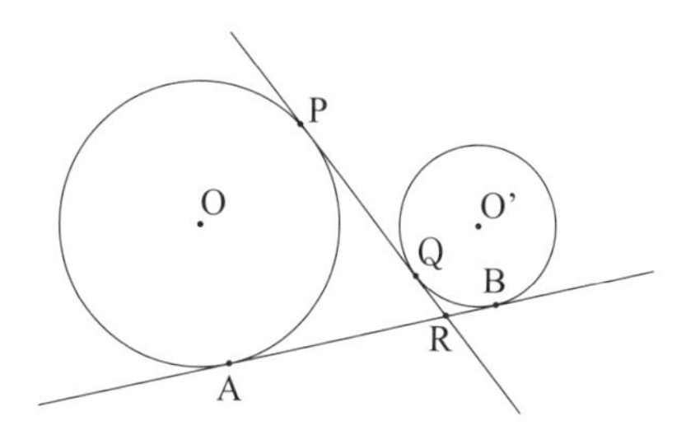

ABの長さはわかっているので、RBの長さがわかれば求まりますね。RBはというと…。とここで、【基本定理・公式】で紹介した「円の外にある点（ここでは点R）から円に２本の接線を引いたとき、その点から２つの接点までの長さはそれぞれ等しい」が発想できれば合格です！　つまり、RBの長さとRQの長さは等しいですね。そして、RAとRPも同じ長さです！

ここからは進められそうでしょうか？　x，yの力を借りると計算がしやすいでしょう。つまり、RA＝RP＝x、RB＝RQ＝yとすると、

AB＝AR＋RB　から　$5=x+y$

PQ＝PR－QR　から　$3=x-y$

となりますね！

あとはいいでしょう。左辺同士と右辺同士を加えて２で割れば、$x=4$

が求まります。

よって、AR$=4$ が答えです！

ちなみに、いまは聞かれていませんが、RB$=y=1$ もわかりますね。

答え

$r=\sqrt{10}+\sqrt{6}$　$r'=\sqrt{10}-\sqrt{6}$　AR$=4$

振り返り

円と円の接線に関する典型的な問題でした。基本的な図形の性質を使いながら必要な長さを求めていく過程は、一種パズル的な面白さがありますね。ぜひ肩ひじ張らずに、リラックスしながら数学を楽しんでもらえればと思います！

第20問

Hを1辺の長さが1の正六角形とする。

(1) Hの中にある正方形のうち、1辺がHの1辺と平行なものの面積の最大値を求めよ。

(2) Hの中にある長方形のうち、1辺がHの1辺と平行なものの面積の最大値を求めよ。

(一橋大学)

解法の道しるべ

◆とってもシンプルな問題ですね。正六角形とは、6つの辺の長さと6つの角度の大きさがすべて等しい六角形のことで、ミツバチの巣の形のような図形です。各角の大きさは120°で、同じ大きさの正三角形を6個寄せ集めれば、正六角形ができあがります。

◆(1)は、1辺の長さが1の正六角形Hの中に正方形が入っている状態です。1辺がHの1辺と平行な正方形ですので、たとえば右のような位置関係を考えればよいですね。そして、この正方形の面積が最大になるときを考えるわけです。さあ、そのとき正方形はどのような位置にくるでしょうか？

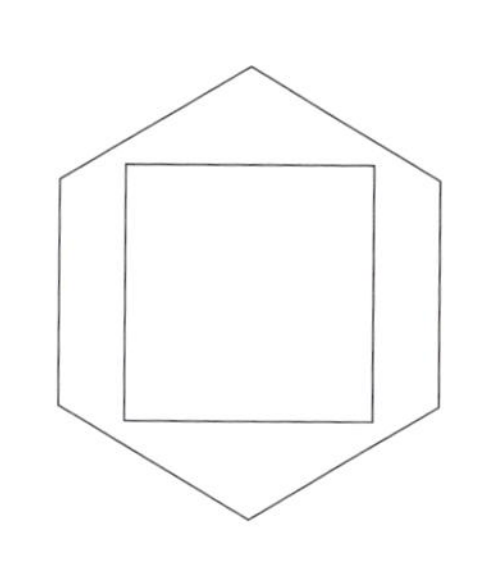

◆(2)は、正六角形Hの中に、1辺がHの1辺と平行となる長方形を入れ、その面積が最大となる場合を考えます。(1)の正方形は、4辺の長さがすべて等しいのでその面積が最大となるように収まる場所はただ1通りに決まりますが、(2)の長方形では、縦と横の長さがそれぞれどうなるかによって面積が変わってきますね。よって、(1)のように一発で決まることはなさそ

うです。

◆(1)、(2)のいずれにせよ、正方形や長方形のある長さを未知数（xでよいでしょう）で置いて、式を立てて、という方針で十分でしょう。

では、考えてみましょう！

解説 ある長さをxとし、図形から方程式をつくる

(1)

「正六角形Hの中にある、1辺がHの1辺と平行な正方形で、面積が最大となるもの」を考えるのに、Hの中に入った正方形を小さいものから徐々に大きくしていくイメージを持つとわかりやすいでしょう。さあ、どこで一番大きくなりますか？　そう、正方形の各頂点が正六角形の辺上にぴったり重なったときですね。図を描くと、右のような状態です。これについては、異論はないでしょう。

つまり、この状態の正方形の面積を考えてやればよいわけです。そのために、どこかの長さを未知数xと置いて、方程式を立てるという方針で進めていきましょう。

あとはどの部分をxにするかですが、ここでは単純に正方形の1辺をxにして進めてみることにしましょう（他にも設定の仕方はあります。いろいろ試してみるとよいでしょう）。

【解法の道しるべ】でも触れたとおり、正六角形の1つの角の大きさは120°です。120°÷2＝60°や、120°－90°＝30°を考えることで、【基本定理・公式】(113ページ)で紹介した30°, 60°, 90°の直角三角形の形をフル活用したいところです。

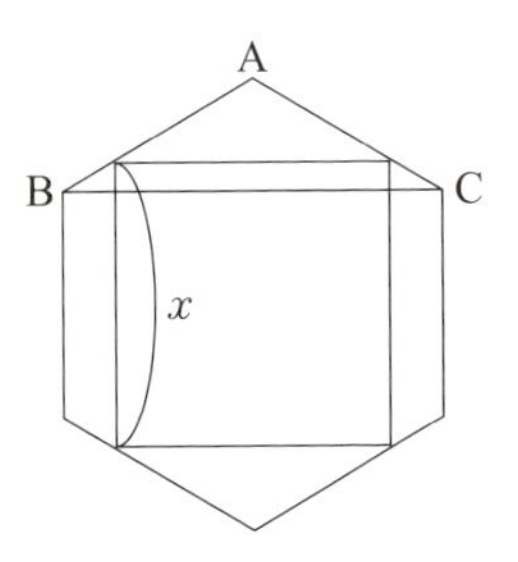

そこで、右の図のように線BCを引き、その

上側を考えることにしましょう。この部分を拡大し、各点に記号を付けたのが右下の図です。

ここで左右の対称性より、△ABDの各角度は、∠BAD＝60°、∠ADB＝90°、そして残りの∠ABD＝30°となります。よって、【基本定理・公式】で確認したように、各辺の長さの比が、AD：AB：BD＝1：2：$\sqrt{3}$であることがわかります。いまABの長さは1なので、AD＝$\frac{1}{2}$、BD＝$\frac{\sqrt{3}}{2}$ですね。

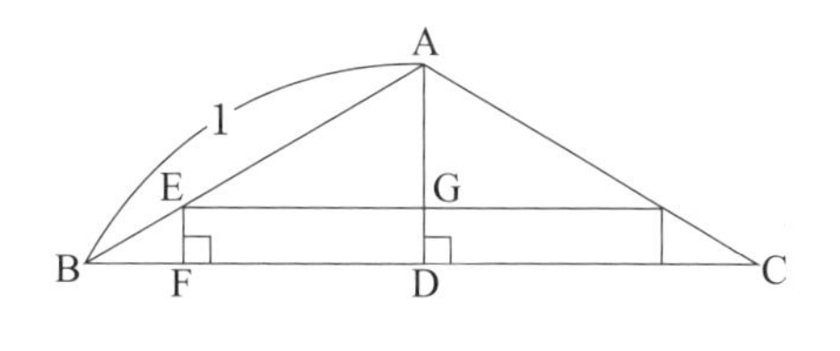

次に、△BEFに注目してみましょう。これも同じく、30°、60°、90°の直角三角形になっているので、EF：BE：BF＝1：2：$\sqrt{3}$となります。では、各辺がxを使って表せないか考えていくことにしましょう。もしこの中の2辺でxを使って表すことができれば、その時点でxを含む方程式がつくれるので、あとは計算して答えまでたどり着くことができます！

まずEGは、正方形の1辺のちょうど半分の長さなので、$\frac{x}{2}$ですね。そして、四角形EFDGは長方形なので、FDも同じく$\frac{x}{2}$であることから、BF＝BD－FD＝$\frac{\sqrt{3}}{2}-\frac{x}{2}$であることがわかります。また、EFについては、もとの形において上下の対称性より、
EF＝{(正方形の1辺)－(正六角形の1辺)}÷2となるので、
EF＝$\frac{x-1}{2}$となりますね。

そして、EF：BF＝1：$\sqrt{3}$でしたので、以下の式が成り立ちます。

$$\frac{x-1}{2} : \frac{\sqrt{3}}{2}-\frac{x}{2} = 1 : \sqrt{3}$$

比例式は外側同士の積と内側同士の積が等しいので、

$$\frac{x-1}{2}\times\sqrt{3}=\left(\frac{\sqrt{3}-x}{2}\right)\times 1$$

という方程式が立ちます。計算を進めていきましょう。

$$\sqrt{3}x-\sqrt{3}=\sqrt{3}-x$$

$$(\sqrt{3}+1)x=2\sqrt{3}$$

$$x=\frac{2\sqrt{3}}{\sqrt{3}+1}$$

この式は、分子と分母に$\sqrt{3}-1$をかけてやることにより、分母の$\sqrt{\ }$を消すことができます（これを「分母の有理化」といいます)。すなわち、

$$x=\frac{2\sqrt{3}(\sqrt{3}-1)}{(\sqrt{3}+1)(\sqrt{3}-1)}=\frac{6-2\sqrt{3}}{(\sqrt{3})^2-1^2}=\frac{6-2\sqrt{3}}{2}=3-\sqrt{3}$$

となります。これが、正方形の面積が最大となるときの1辺の長さです。よって、その面積x^2を計算し、

$$x^2=(3-\sqrt{3})^2=3^2-2\times3\times\sqrt{3}+(\sqrt{3})^2=9-6\sqrt{3}+3=12-6\sqrt{3}$$

が答えです！

(2)

続いて、正六角形Hの内部にある長方形の面積の最大値を考えます。長方形をめいっぱい広げて、各頂点がHの辺に重なるところまではよいとして、(1)と違うのは、長方形なので、縦の長さと横の長さが自由に動く、という点です。これをどう処理するかというところが本問のポイントといえるでしょう。

(1)では、未知数として正方形の1辺を考えましたが、今度は少し見方を変えてみることにしましょう。(1)でも見たBCより上の部分を取り出した部分は、内部の四角形が長方形でも同じように使えそうです（同じ図をもう一度右に示しました)。(2)では、このEFをxと置いて考えてみることにします。まずこのとき、もとの長方形の縦の長さは、先ほどの逆を考えて、$2x+1$で与えることができますね。

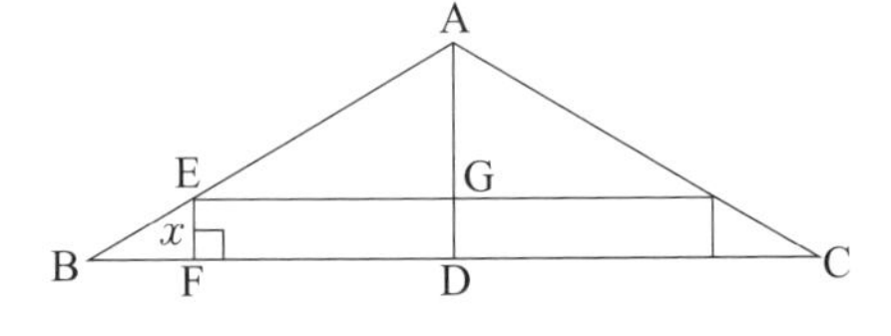

では続いて、長方形の横の長さをxを使って表してみましょう。先ほ

ど見たように、△BEFは30°，60°，90°の直角三角形なので、
EF：BE：BF＝1：2：$\sqrt{3}$です。よって、BE＝DE×$\sqrt{3}$＝$\sqrt{3}x$となります。
また、BD＝$\frac{\sqrt{3}}{2}$でしたので、FD＝$\frac{\sqrt{3}}{2}-\sqrt{3}x$ですね。

そして、長方形の横の長さはFD（＝EG）の2倍なので、
$\left(\frac{\sqrt{3}}{2}-\sqrt{3}x\right)\times 2=\sqrt{3}-2\sqrt{3}x$と表せます！

さあ、ゴールが見えてきましたね。長方形の縦の長さが$2x+1$、横の長さが$\sqrt{3}-2\sqrt{3}x$なので、その面積をxで表すことができます。すなわち、

$$
\begin{aligned}
(2x+1)\times(\sqrt{3}-2\sqrt{3}x)&=2\sqrt{3}x-4\sqrt{3}x^2+\sqrt{3}-2\sqrt{3}x\\
&=\sqrt{3}-4\sqrt{3}x^2
\end{aligned}
$$

となりますね。xとは、EFの長さでした。これが変化することで長方形の面積が変化するわけですが、この値が最も大きくなるxはいくつかというと、0ですね！　xが0より大きくなればなるほど、$\sqrt{3}-4\sqrt{3}x^2$の値は小さくなるのがわかると思います。

そして、そのときの長方形の面積（面積の最大値）は$\sqrt{3}$、これが(2)の答えです。

答え

(1)　$12-6\sqrt{3}$

(2)　$\sqrt{3}$

振り返り

図形問題にxという未知数を導入し、図形の特徴を捉えながらxについての式をつくる、というのが本問の流れでした。

(2)について少し考察をしてみましょう。xはEFの長さでしたので、
$x=0$とはつまり、EがBに一致するときであり、言い換えると長方形の縦の辺が正六角形の1辺と重なるとき、ということになりますね。長方形

のひとつの頂点であるEが、Bから離れてAに近づいていくにつれて、長方形の縦の長さは大きくなりますが、横の長さは小さくなります。そして、横の減少の速度のほうが縦の増加速度よりも大きくなるため、結局面積は減っていく一方になるわけですね。

そして、EがAに重なるとき、長方形は縦一本の線になってしまい、面積はなくなってしまいます。EがAに重なるとき、⑵で設定したxの値はADの長さである$\frac{1}{2}$となります。長方形の面積$\sqrt{3}-4\sqrt{3}x^2$に$x=\frac{1}{2}$を代入してみると…

$\sqrt{3}-4\sqrt{3}\times\left(\frac{1}{2}\right)^2=\sqrt{3}-4\sqrt{3}\times\frac{1}{4}=\sqrt{3}-\sqrt{3}=0$となって、見事にその値は0になりますね！

ここからも、この式が正しいであろうことが推測されます。

このように数学では、求めた結論に対し、いくつかの特殊なケースにおいて妥当性が保たれるなら、その結論が「おそらく正しいのだろう」と推測することができます（もちろん、すべてのケースを確認することができなければ、必ず「正しい」とはいえないのですが）。このような「確かめ」は、数学を考える上で有効なことが多いです。「まず一般的な方法から答えを出す」→「その後、具体的ないくつかのケースを使ってその答えが正しいかを検証する」→「いくつかのケースで結論の正しさが示せれば、その答えが正しいものである可能性が高い」という考え方です。「一般的な論証から結論を推測し、その結論の妥当性を具体的な事例で確認する」というのは、ビジネスにおいても有効かもしれませんね！

第21問

△ABC において、AB＝3，BC＝5，CA＝4 とする。△ABC の内接円の半径を r とすると、$r=$ □ であり、外接円の半径を R とすると、$R=$ □ となる。また、内心と外心の距離は □ であり、内心と垂心の距離は □ となる。この内心、外心、垂心の3点を頂点とする三角形の面積は、□ となる。

（2017年　立命館大学）

解法の道しるべ

◆内心、外心、垂心については、【基本定理・公式】で紹介しました。要点をおさらいしておきましょう。

内心とは、三角形の3つの角の二等分線の交点をいいます。また内心は三角形に内接する円の中心で、内接円は各辺と接するので、内心と三角形の各辺との距離はそれぞれ等しくなります。

外心とは、三角形の3辺の垂直二等分線の交点をいいます。また外心は三角形に外接する円の中心で、三角形の各頂点は外接円周上にくるため、外心と三角形の各頂点との距離はそれぞれ等しくなります。

垂心とは、各頂点から向かい合う辺に下ろした3本の垂線の交点をいいます。

◆本問は、三角形の内心、外心、垂心の位置関係をどう把握するかがポイントになってきます。ただ何といってもこの問題の最大のポイントは、△ABC の形状にどれだけ早く気づけるかでしょう。△ABC の3辺はそれぞれ、AB＝3，BC＝5，CA＝4 ですよね。これって、ものすごく特徴的な三角形になります。さて、それはどんな三角形でしょう？

◆三角形の形に気づけば、先に外心の位置が判断できるでしょう。

また内接円の半径は、三角形の面積に着目して導くことができます。

あとは垂心がどこにくるかですが、これも△ABC の形状がわかれば、垂心の場所はすぐに判断できるでしょう。

何はともあれ、△ABC の最大の特徴を発見するのが、この問題の第一歩です！

解説 △ABC の形状に注目し、それぞれの長さを求める

さあ、【解法の道しるべ】で再三お伝えしていた「△ABC の形状」はわかりましたでしょうか？

△ABC の 3 辺の長さはそれぞれ、AB＝3，BC＝5，CA＝4 でした。これらの 3 つの数字の特徴は何でしょう？　そう、$3^2+4^2=5^2$ を満たしますね！　つまり、△ABC は直角三角形ということがわかります！（【基本定理・公式】112 ページ）

また、最も長い辺が斜辺になるため BC が斜辺です。そしてその向かい合う角が直角となるので、∠BAC が 90° です。これに気づけるかどうかがこの問題の最初にして最大のポイントといえるでしょう！

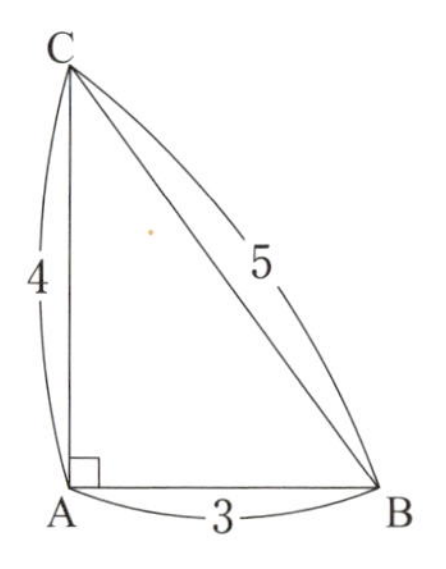

では次に、内心、外心、垂心がどこにくるのかを考えてみましょう。説明をわかりやすくするために、外心→垂心→内心の順に見ていくことにしましょう。

まず外心です。外心とは、三角形の外接円の中心のことでした。つまり、△ABC の各頂点は外心を中心とする円の円周上にくるわけですが、先ほど見たように∠BAC は 90° でしたね。そして、直径に対する円

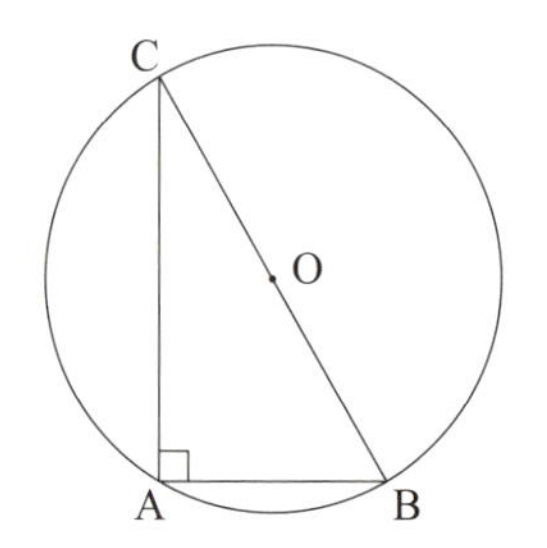

周角が90°である（【基本定理・公式】117ページ）ことを思い出せば、∠BACを円周角とする弦であるBCは、実は外接円の直径に相当すると判断できます。そして、BCが外接円の直径ということは、その中点に外接円の中心である外心Oがくることになりますね。

次に垂心を考えましょう。垂心は、3頂点から向かい合う辺にそれぞれ垂線を引いたときのそれらの交点でした。たとえば頂点Cから辺ABに下ろした垂線の足はどこにくるかというと、∠BAC＝90°であることから、点Aに重なりますね！　また、頂点Bから辺ACに下ろした垂線の足も、やっぱり点Aと一致します。3本の垂線は必ず1点で交わりますので、頂点Aから辺BCに下ろした垂線は考えるまでもなく、点Aが垂心Hに相当します。

最後に内心ですが、これは三角形の内部にきますね。三角形の内接円を描いたとき、その円の中心が内心Iです。

以上より、内心I、外心O、垂心H（＝A）は右図の位置にくることがわかりました！

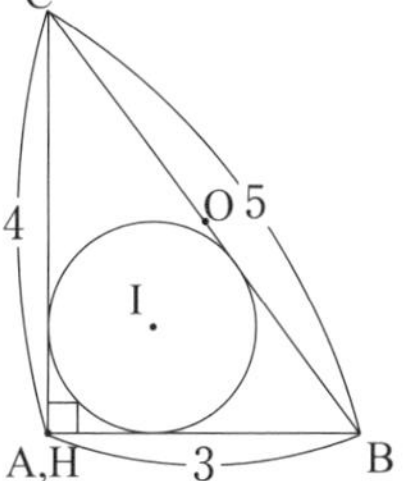

ここで、先に外接円の半径Rがすぐわかりますね。外心Oは辺BCの中点にきますので、BC＝5より、$R=\frac{5}{2}$です。

次に内接円の半径rですが、これは三角形の面積に着目するとうまく求められます。

内接円と各辺は接しているので、内心と各接点とを結んだ線分と各辺はそれぞれ垂直の関係となります。よって、たとえば△IABの面積は、ABを底辺、内接円の半径を高さとして求めることができます。すなわち内接円の半径をrとすると

$$\triangle\text{IAB}\text{の面積}=\text{AB}\times r\times\frac{1}{2}=3\times r\times\frac{1}{2}=\frac{3}{2}r$$

となります。同様に、△IBCの面積と△ICAの面積はそれぞれ、

$5\times r\times\frac{1}{2}=\frac{5}{2}r$，$4\times r\times\frac{1}{2}=2r$

となるので、△ABCの面積はこれら3つを足し合わせた
$\frac{3}{2}r+\frac{5}{2}r+2r=6r$になることがわかります。

一方△ABCの面積は、∠BAC＝90°なので、ABを底辺、ACを高さと見ると、$AB\times AC\times\frac{1}{2}=3\times4\times\frac{1}{2}=6$と計算できます。そしてこれが$6r$と等しいわけですね。つまり$6r=6$より、内接円の半径$r$は$r=1$とわかります！

では、続けていきましょう。次は、「内心と外心の距離」つまりIOの長さですね。

ここで、内接円と辺BC、CA、ABとの接点をそれぞれP，Q，Rと置くことにします。

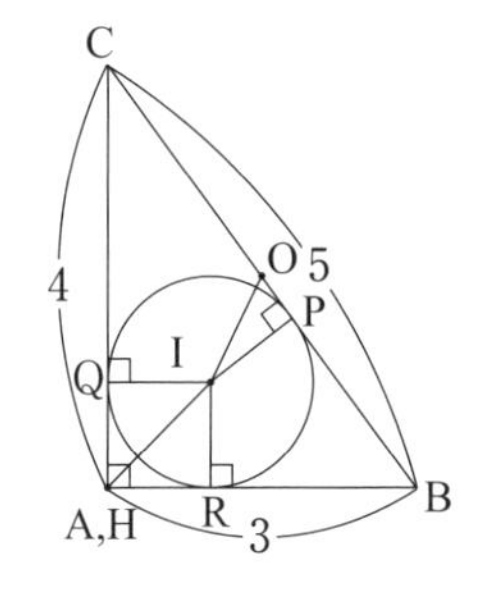

この問題では直角がたくさん見えるので、基本的には三平方の定理を駆使する形で進めていくのがよいでしょう。IP⊥BCですので、△IPOについて三平方の定理を使う方針でいきましょう。

まず、IPは内接円の半径rなので1ですね。ですので、あとはPOの長さがわかれば、求めたいIOの長さがわかります。

ここで円外の点から円に接線を2本引いたとき、円外の点と2接点との距離は等しくなるという性質を思い出すと、BP＝BRが見えます。

また四角形ARIQはすべての内角が直角で、しかもIR＝IQなので、正方形であることがわかります。よってAR＝1とわかり、
AB＝3よりRB＝2です。

そしてRB＝PBでしたので、PB＝2がわかります。またOB＝$\frac{5}{2}$でしたので、$OP=OB-PB=\frac{5}{2}-2=\frac{1}{2}$が求まりましたね。

これでOIが出ますね！　三平方の定理より、

$$OI^2=IP^2+OP^2=1^2+\left(\frac{1}{2}\right)^2=\frac{5}{4}$$

となり、$OI=\sqrt{\frac{5}{4}}=\frac{\sqrt{5}}{2}$が答えです！

さあ、あと残るは2つです。次は、「内心と垂心の距離」つまりIHですね。お！　これはラクだ！　ラッキーですね！

先ほど見たとおり、垂心HはAと一致するので、結局正方形ARIQの対角線を考えればよいだけですね。そしてその1辺の長さは1なので、$IH=\sqrt{2}$でOKです！

では最後です。最後は、「内心、外心、垂心の3点を頂点とする三角形」すなわち△HIOの面積です。

これを求める方法は、いろいろ考えられそうですね。ひとまず何らかの方法で答えを出してみて、その後「もっとラクに答えを出す方法はないか」と考えると、ひとつの問題でたくさん楽しめるのでおトクです。

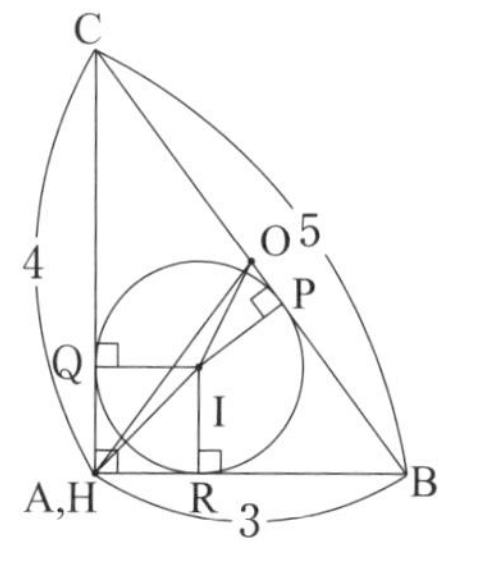

ちなみに、図ではちょっとわかりにくいですが、H(A)とIとPは一直線ではありませんのでご注意を…。ですので、IPはBCと垂直ですが、HIはBCと垂直にはなりません（もし仮にH，I，Pが一直線だとすると、△HPBは∠BPH＝90°の直角三角形になるはずですが、∠IHB＝45°なのに、∠PBHは45°ではない（45°より少し大きい）ので、矛盾が生じますね。これは、H，I，Pが一直線だと仮定したことがマズかったわけで、よってH，I，Pは一直線にならないことがわかります)。

さあ、△HIOの面積は求めることができましたか？　ここでは、おそらく一番ラクであろう方法をご紹介します。

それは△HIO＝△HBO－(△IHB＋△IBO)として求める方法でしょう。(人によって「ラク」の概念は違うので、「自分はもっとラクに解けたぞ！」という方は、それでOKです！)

それぞれの面積は、

$$\triangle \mathrm{HBO} = \frac{1}{2} \times \triangle \mathrm{HBC} = \frac{1}{2} \times 6 = 3$$

$$\triangle \mathrm{IHB} = \mathrm{HB} \times \mathrm{IR} \times \frac{1}{2} = 3 \times 1 \times \frac{1}{2} = \frac{3}{2}$$

$$\triangle \mathrm{IBO} = \mathrm{OB} \times \mathrm{IP} \times \frac{1}{2} = \frac{5}{2} \times 1 \times \frac{1}{2} = \frac{5}{4}$$

なので、求める面積は、

$$3 - \left(\frac{3}{2} + \frac{5}{4} \right) = \frac{1}{4}$$

となります！

答え

$r=1$, $R=\frac{5}{2}$, 内心と外心の距離：$\frac{\sqrt{5}}{2}$, 内心と垂心の距離：$\sqrt{2}$,
内心、外心、垂心の3点を頂点とする三角形の面積：$\frac{1}{4}$

振り返り

内心、外心、垂心の性質と、三平方の定理、円の性質など、平面図形の重要事項がオンパレードの問題でした。ほどよい頭脳の疲労とともに、楽しみながら問題に取り組めたのではないでしょうか。ぜひこのパズルのような図形問題の面白さを感じてもらえたらと思います！

第22問

(1) 右上図において、点Oを中心とする円の半径をRとする。この円の弦XY上の任意の点をPとするとき、等式

$$OP^2 = R^2 - XP \cdot YP$$

が成り立つことを示せ。

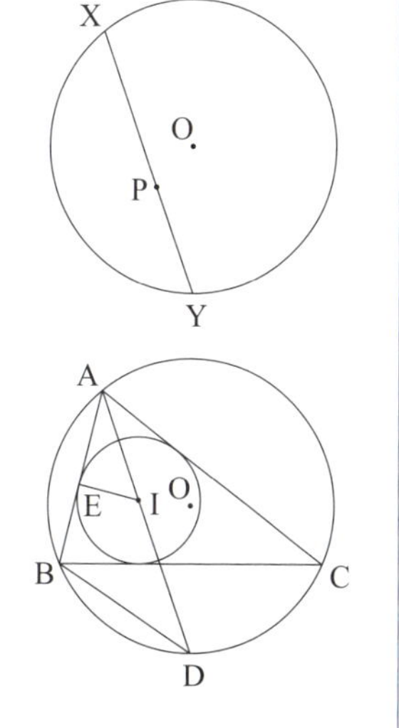

(2) 右下図の△ABCの外心をO、内心をIとする。△ABCの外接円、内接円の半径をそれぞれR, rとする。また、直線AIと△ABCの外接円の、点Aと異なる交点をD、△ABCの内接円と辺ABとの接点をEとする。このとき、次の(A)、(B)、(C)に答えよ。

(A) DB＝DIであることを示せ。

(B) $AI \cdot DI = 2Rr$であることを示せ。

(C) $OI^2 = R^2 - 2Rr$であることを示せ。

(2012年　宮崎大学)

解法の道しるべ

(1)

◆ある弦XYを考え、その上に適当に点Pを取ったとき、$OP^2 = R^2 - XP \cdot YP$という関係式が成り立つことを示す問題です。なかなか面白い結論ですよね！

これを示すために、ここでは2つの異なる方法を考えたいと思います。せっかくなので、両方のアプローチを紹介しましょう！　1問で2度おいしい問題です(笑)！

◆ひとつは補助線を引く方法です。弦があったら、円の中心からその弦に垂線を引くことで糸口が見つかることが多くあります。いま、Oから弦XY

に垂線を下ろし、その足をHとした場合、【基本定理・公式】で紹介したように、必ずXH＝YHとなります。これと「三平方の定理」をうまく使って求められている等式が成り立つことを示します。

◆もうひとつは、【基本定理・公式】で扱ったある定理をドカン！と使う方法です。さて、どれを使うのがよさそうでしょうか？　そうです。「方べきの定理」（116ページ）です！

定理の式と少し形は違いますが、式変形をすることで求めたい式を導くことができます。

(2)

◆一気に図形が複雑になりました…。同じ問題の中に(1)と(2)がある場合、(1)の結果を利用して(2)を考える、というのはよくあるパターンです。この問題を考える際も、「どこかで(1)の結果を使えるのでは…」という頭の準備をしながら進めていくのがよいでしょう。

◆このような複雑な図形の問題は、数学が得意な人でもすぐにパッと方針が浮かぶというのはまれで、ほとんどの場合、「あーでもない、こーでもない」と試行錯誤しながら、糸口を見つけていく、という進め方になります。

そして、その過程で大事なのは、「書く（描く）」ということです。頭の中ですべての試行錯誤を処理するのは実質不可能なので、考えたことをすべて紙の上に表して、目に見える形でそこに残しておく、ということが重要です。いったん書いて形にしてしまえば、頭の中では次の別の処理に入ることができますね。全部頭の中でやろうとすると、考えたものを「覚えて」おきながら、別のことを「考え」ないといけないので、どちらの精度も悪くなってしまいます（これはパソコンなどの情報処理機器でも同じことがいえるでしょう）。

つまり何がいいたいのかというと、（いまこの時点であなたがどういう状況にいるのかにもよりますが、）問題を考える際にはこの本の図をじーっと見て頭の中だけで考えを進めるだけではなく、可能であればぜひペンと紙を横に置いて考えてもらえたらと思います。そして、この問題の図を自分の手で紙に写して、その図に考えたことを書き加えて、そして「あーでもない、こーでもない」と試行錯誤していただきたいのです。それだけで、この問題から味わえることが5倍、10倍にも膨らみます。ぜひともオススメします！

さて、本題に戻りましょう。

まず(A)ですが、示すのはDB＝DIです。ある2つの線分の長さが等しいことを直接示す方法として、合同（「合同」とは、大きさも形もまったく同じである図形同士のことです）な三角形に着眼することが有効な場合は多いですが、いまの場合、DBとDIを2つの三角形に絡ませるのはちょっと厳しそうです。

ですので、ここは間接的に示すことを試みてみましょう。つまり、DB＝DIを示したければ、△BDIが二等辺三角形であることを示せればいいわけですね！　そして、△BDIが二等辺三角形であることを示すには、∠DBI＝∠DIBがわかればよいわけです（与えられた図ではBIは結ばれていませんが、こっちで補助線を引っ張ってやればOKです)。いまは円が絡む問題ですので、角度については線分の長さを直接扱うよりもずっとやりやすいはずです。

道のりは長そうですが、点Iが△ABCの内心であることと、円周角の性質をうまく使うことで、示せないか考えていきましょう。

◆では、(B)のアプローチに話を移しましょう。

先ほど、(2)では(1)の結果を使うことが多いとお伝えしましたが、使うのはここででしょうか？　ところで先に(C)をよく見てみると、(B)の結果にそのまま(1)を使った形になっています。つまり、(1)の結果を使うのは(B)から(C)を示す過程であって、(B)を示す際にはおそらく使わないのでしょうね（もしかしたらここでも使う、という可能性も完全に排除することはできないですが…)。

ただ、(B)で、(A)の結果は使うのでしょう。もし(B)で(A)の結果を使わないのなら、なぜ(A)を考えさせたのだ、ということになってしまいます。そして、(B)で(A)の結果を使うとすれば、本問では AI・DB＝2 Rr を示せばよいのだと考えるのが自然ですね。AI と DB、全然離れてしまいました…。はてさて、これらをどう結びつければよいのか？

そして、もうひとつ気づきたいことがあります。それは点 E の存在です。問題文でわざわざ点 E を設定してくれているのに、証明すべき式(A), (B), (C)には、どこにも E が入っていません…！　最終的な結論には表れていない点 E をわざわざ問題の中で設定してくれているということは、これをヒントとして使ってください、という出題者のメッセージに他なりません！　そう解釈する以外にないでしょう。

そして、点 E は内心 I と辺 AB の接点なので、∠IEA＝∠IEB＝90° ですね。そして、AI と DB を絡ませることになるはずです。

さあ、ヒントはこれぐらいにして、ここからはあなたにバトンタッチしたいと思います。レッツシンキング！

解説　誘導に乗って、対応する辺や角を変換させていく

(1)

【解法の道しるべ】で触れたように、2 通りの解き方をやってみましょう！

<解法1：円の中心から弦に垂線を引く>

円の中心 O から弦 XY に垂線を下ろし、その足を H とします。

すると【基本定理・公式】(114 ページ)で見たように、H は線分 XY の中点にくるので、XH＝YH となります(その長さを a としましょう)。

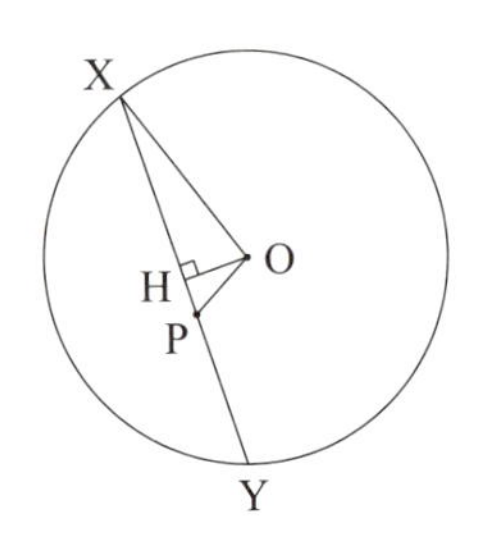

これで直角が表れました。そして、長さについての問題なので、使うのは三平方の定理です。△OXHと△OHPにそれぞれ三平方の定理を適用し、

$OX^2 = XH^2 + OH^2$　これより、$R^2 = a^2 + OH^2$　……①

$OP^2 = OH^2 + HP^2$　……②

がいえ、さらに

$XP = a + HP$　……③，　$YP = a - HP$　……④

となりますね。

これで、条件をすべて式で表すことができました。あとはこれら①～④を使って、問題の等式が成り立つことを示していきます。

ところで、等式を証明する際は、左辺と右辺のうち複雑なほうを変形し、簡単なほうに持っていくと考えやすいのです。ですので、今回は右辺から攻めていきましょう。

(右辺) $= R^2 - XP \cdot YP$

$= R^2 - (a + HP)(a - HP)$　(③と④を使いました)

$= R^2 - (a^2 - HP^2)$　(展開公式を使っています)

$= R^2 - a^2 + HP^2$

ですね。ここで、①より $R^2 - a^2 = OH^2$ なので、

$R^2 - a^2 + HP^2 = OH^2 + HP^2$

また、示すべき左辺は②より、

(左辺) $= OP^2 = OH^2 + HP^2$

よって、これで (左辺) = (右辺)、すなわち $OP^2 = R^2 - XP \cdot YP$ が示せました！

<解法 2：方べきの定理を使う>

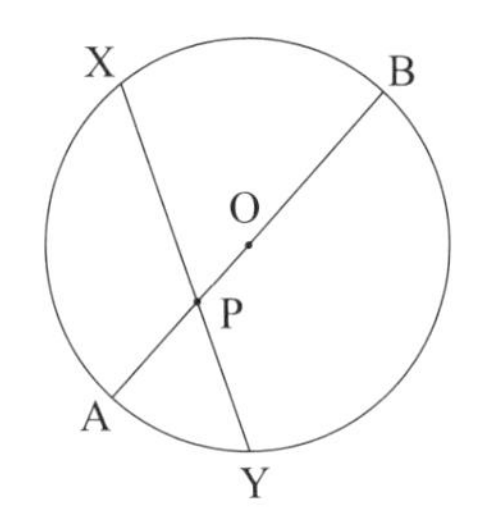

【基本定理・公式】で紹介した方べきの定理を使うためには、弦が 2 本必要になります。問題で示されている弦は XY だけですね。これ以外にどんな弦を考えるのがよいでしょう？　やはり、間に O と P を含むような弦を考えるのが自然ですね。

つまり、OP を両側に延ばした直線と円の交点を図のようにそれぞれ A, B とし、弦 AB を考えます。

ここで方べきの定理より、

$$XP \cdot YP = AP \cdot BP$$

ところで、$AP = AO - OP = R - OP$, $BP = BO + OP = R + OP$ なので、

$$XP \cdot YP = (R - OP)(R + OP)$$
$$= R^2 - OP^2$$

移項して整理すると、

$$OP^2 = R^2 - XP \cdot YP$$

となり、なんとまああっさり示すことができました！

方べきの定理の威力はすさまじいですね!!

(2)

(A)

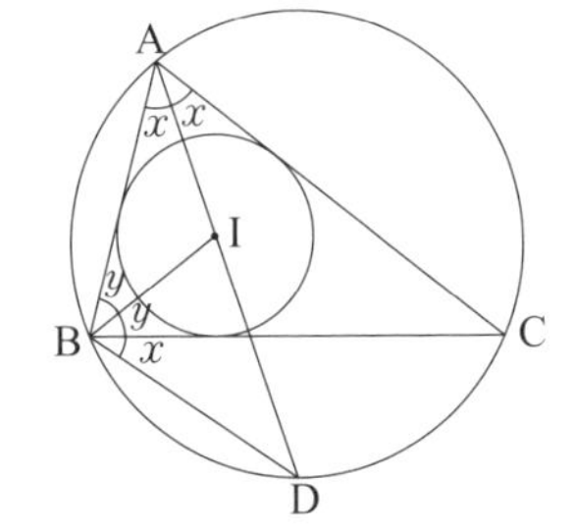

【解法の道しるべ】で見たように、DB = DI を示すために、∠DBI = ∠DIB を示すことを目指しましょう。

ここで∠DBI を別の角度で表そうと考えた場合に、

$$\angle DBI = \angle DBC + \angle IBC$$

と分けることが発想できるでしょう。ここでわかりやすくするため、∠DBC = x, ∠IBC = y と置くことにします。

点Iが△ABCの内心でした。内心とは三角形の角の二等分線の交点でしたので、

$\angle IBA = \angle IBC = y$ ……①

であることがわかります。

また、弧CDに対する円周角より、

$\angle DAC = \angle DBC = x$

も読み取ることができます。お、そうすると、また点Iが内心であることから

$\angle IAB = \angle IAC (\angle DAC) = x$ ……②

がいえますね。おお！　なんとなくつながってきました。

最終的にいいたいのは、∠DIB＝∠DBIなので、$\angle DIB = x + y$ を示すことがゴールですね。そして、①と②で見たように $\angle IBA = y$、$\angle IAB = x$ でした。

ここで、三角形の外角は残りの2角の和になる（【基本定理・公式】参照）ので、

$\angle DIB = \angle IBA + \angle IAB = x + y$

がいえました！

よって、∠DBI＝∠DIBがいえましたので、△DBIは二等辺三角形であることがわかります。よって、DB＝DIが示せました！

(B)

【解法の道しるべ】での考察より、(A)のDB＝DIを適用することで、$AI \cdot DB = 2Rr$ を示すことを目指しましょう。そして、$\angle IEA = \angle IEB = 90°$ をどう使うのかを考えていきます。

ここで、$2Rr$ について考えてみましょう。r は内接円の半径なので、この問題で使えそうな箇所としては、$IE = r$ でしょうか？　あとは外接円の半径 R をどう絡ませるかです。実は、与えられた図の中には R という長さに該当する線分は、まだどこにもないですね。ですので、こちら側で R がうまく使えるような処理をしてやる必要があります。読者の中には「三

角比」で登場する「正弦定理」をご存じの方もいるでしょう。正弦定理には外接円の半径 R が登場するので、そちらの発想をしたかもしれません。ただここでは、本書の性質上、正弦定理は使わない前提で話を進めていきたいと思います。

あと、DB を絡めたいわけですね。そして、R と $\angle IEA = 90^\circ$ を使いたい。90°…。直径に対する円周角は 90° でしたね。そして、BD を絡めたい。うーん、試しに BO を延ばして直径をつくってみましょうか。こうすると外接円の半径 R がなんとなく使えそうです（ただ、まだ半信半疑です…）。BO を延ばしたもう片方の円との交点を F としましょう。

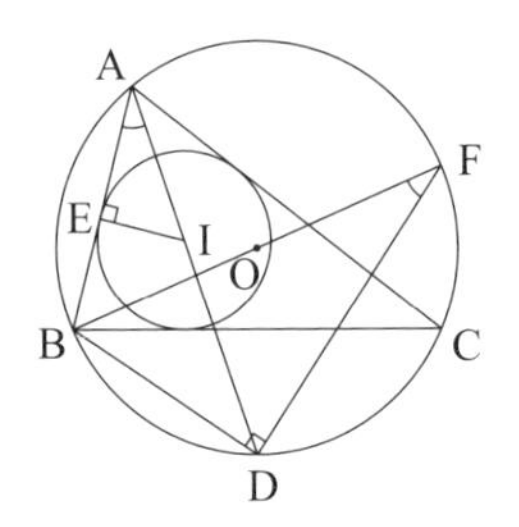

角度で攻めているとき、「相似」な三角形に着目することは有効です(「相似」とは、形が同じで大きさが異なる図形同士をいいます。「拡大」や「縮小」をイメージするとわかりやすいでしょう)。2 つの三角形があるとき、対応する 2 角がそれぞれ等しければ、それら 2 つの三角形は「相似」となります。そして、相似な 2 つの三角形において、対応する辺の比は等しくなります。

BF は直径なので、それに対する円周角 $\angle FDB$ は 90° になります。そして、$\angle AEI$ も 90° でした。なので、$\triangle AEI$ と $\triangle FDB$ において、あと一組の角度が等しいことが示せれば、$\triangle AEI$ と $\triangle FDB$ は相似である（これを $\triangle AEI \backsim \triangle FDB$ と書きます）といえます。あと一組、等しい角はありますか？

そう、弧 BD に注目すると、$\angle BAD$（$= \angle EAI$）と $\angle BFD$ はそれぞれ弧 BD に対する円周角なので、$\angle EAI = \angle DFB$ がいえますね！　よって、$\triangle AEI$ と $\triangle FDB$ において、$\angle AEI = \angle FDB$、$\angle EAI = \angle DFB$ より、2 つの角がそれぞれ等しいので、$\triangle AEI \backsim \triangle FDB$ がいえることになります！

そして、相似な三角形は対応する辺の比が等しいという特徴がありました。さあ、ゴールが近づいてきました！

EI $=r$ ですね。そして、BF $=2R$ です。EI に対応するのは DB、AI に対応するのは FB です。よって、

$$EI : DB = AI : FB$$

がいえることになります。比例式は、外側同士をかけたものと内側同士がかけたものが等しくなる、という性質があるので、

$$EI \cdot FB = DB \cdot AI$$

です。EI $=r$、FB $=2R$、そして(A)の DB $=$ DI を使って、

$$AI \cdot DI = 2Rr$$

これでめでたく示すことができました!!

(C)

(C)の結果の式 $OI^2=R^2-2Rr$ は、(1)の等式 $OP^2=R^2-XP \cdot YP$ と似ていますね。

(1)の各点は(2)のケースに当てはめると、

$$X \to A,\quad Y \to D,\quad P \to I$$

に対応させることができるので、(1)の結果を使って、

$$OI^2=R^2-AI \cdot DI$$

がわかります。これと(B)より、

$$OI^2=R^2-2Rr$$

が示せますね。おしまい!!

答え

【解説】参照。

振り返り

(B)がややハードだったと思いますが、途中少しずつヒントを参考にしながらでも最後まで到達できれば、大きな達成感が得られたのではないかと思います。

本問はすべて誘導になっていて、この問題が本当に言及したいのは(C)の結果なんですね。なので、それまでの(1)や(2)の(A)(B)はすべて(C)をいいたいがための途中経過に過ぎません。ある意味「カマセ」ているわけです。

(C)がいっていることは、「ある三角形について、その内心をI、外心をOとし、内接円の半径と外接円の半径をそれぞれ r, R としたとき、内心と外心の距離の2乗 $OI^2=R^2-2Rr$ が成り立つ」ということです。これって、なんかスゴくないですか!?　そしてそれを示すために、壮大な舞台が用意された裏ストーリーがあるのです!!　なんと感動的ではありませんか!!

こんな証明を見せられると、数学の雄大なロマンを感じずにはいられないですね！

第23問

直方体の 3 辺 OA，OB，OC の長さをそれぞれ a，b，c とするとき、△ABC の面積を a，b，c で表せ。

（1966 年　金沢大学）

解法の道しるべ

◆直方体とは、レンガブロックや豆腐のような、6 面すべてが長方形で構成される立体のことです。問題自体はいたってシンプルですし、問われていることも明白ですね。図は与えられていないので、何はともあれ図を描いて、それを見ながら考えていきましょう。

◆三角形の面積を求める式はいくつかありますが、ここで使うのは、皆さんもよくご存じの「(底辺)×(高さ)×$\frac{1}{2}$」で十分です（それ以外の求め方もいくつかありますが、それについては本書では割愛させてもらいます。【振り返り】で少し触れます）。

この公式を使う際のポイントは、当たり前ですが、どこを「底辺」と考えて、どこを「高さ」とするかです。これらは基本的に自分で考えなければなりません。「ここが底辺で、ここが高さですよ」なんてご丁寧には、残念ながら問題には書いてくれていません。その判断をするカギとなるのは、「底辺や高さとして、互いに垂直の関係にあるものを選択する」ということです。

◆空間における平面と直線の垂直関係、直線と直線の垂直関係については、【基本定理・公式】（118 ページ）で扱っていますので、そちらを参考にしてください。

解説　空間における直線と平面の垂直関係を活用する

何はともあれ、自分で図を描くところからスタートです。右図のような直方体の頂点 O, A, B, C と△ABC が見えると思います。

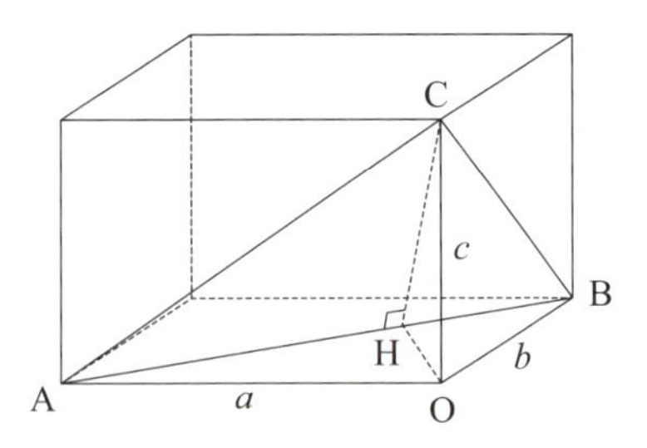

【解法の道しるべ】でも見たとおり、△ABC の面積を求めるためには、どこを底辺と高さにするかを考えてやる必要があります。∠ABC, ∠BCA, ∠CAB はどれも一般に直角ではありませんので、各辺を直接底辺と高さとして扱うことはできそうにないですね。

ですのでここは素直に、C から AB に下ろした垂線の足を H として、底辺を AB、高さを CH として、それぞれの長さを求めることで、△ABC の面積を考える方針を採用することにしましょう。

まず AB の長さですが、これは△AOB で三平方の定理を使ってやることにより

$$\mathrm{AB}^2 = \mathrm{OA}^2 + \mathrm{OB}^2 = a^2 + b^2$$

から

$$\mathrm{AB} = \sqrt{a^2 + b^2} \qquad \cdots\cdots①$$

ですね。

続いて、CH の長さですが、これはどのように考えましょうか？

△CAB をいくら眺めても CH の長さは出てきそうにないので、ここで見方を変えて△CHO に注目してみることにしましょう。

三平方の定理を使おうとすると、∠COH に目がいくと思います。∠COH は 90° っぽいですが、果たして本当にそういえるのでしょうか？

さらに、もし仮に∠COH = 90° だったとして、三平方の定理によって CH の長さを求める場合、OH の長さが必要になります。

この OH と AB は、果たして垂直でしょうか？　感覚的にはともに垂直

といってよさそうですが、本当にそういえるのでしょうか？

数学の世界では「厳密性」が何よりも大切です。感覚と事実が一致することもありますが、事実が感覚とズレることも往々にしてあります。今回は直感が正しいのですが、それでも、それがなぜ正しいのかを論理的に説明することが求められます。それが数学という世界だからです。

では、先ほどのCO⊥OHとOH⊥ABをともに示していきましょう。使う原理は【基本定理・公式】で触れた「平面と直線の垂直関係」です。

COは平面AOB上の2直線AO，BOにともに垂直であり、またAOとBOは平行でないので、これで初めてCOは平面AOBと垂直であることがわかります。

よって、平面AOB上の直線OHもCOと垂直となります。これでまずCO⊥OHが示せました。

さらに、平面AOB⊥COより、平面AOB上の直線ABとCOも垂直になります。

また、Hの定義から、ABとCHも垂直です。

よって、ABは平行でない2直線COとCHにともに垂直であるので、ABは2直線COとCHを含む平面COHと垂直であることがわかります。

よって、ABは、平面COH上の直線であるOHと垂直であり、これでOH⊥ABが示せました。

……ふう、どうでしょう？　息が詰まりそうですね(笑)。両目は空間図形を凝視して、頭の中は直線やら平面やらがこんがらがって、もう途中で考えるのを放棄したくなるくらい頭がヒートしたのではないでしょうか？　でも、これが数学です(笑)。

これを「苦しい」と感じるか「快感」と感じるかは、あなた次第です（ですが！　私は「快感」に感じてもらいたく、この本を書いているわけなのですが…汗）。

「疲れる」＝「ツラい」という世界ではなく、「疲れる」＝「気持ちいい」という世界って楽しくないですか？　数学の喜びはまさしくそこにあると思います。そう、苦しい世界は楽しい世界なのです！【まえがき】でお話ししたとおり、筋トレが体を鍛えるように、数学は脳を鍛えてくれているのです！

えーと、また話が逸れてしまいました。

どこまで進んだかというと、CH の長さを求めるために△COH で三平方の定理を使おうとして、∠COH＝90° がいえたので、まずめでたく三平方の定理が使えることがわかりました。そしてあと、OH の長さが必要なのですが、そのために OH⊥AB であることもわかりました。

では、OH の長さを求めるステップに入りましょう。

これには、図形を扱うときによくやることですが、△AOB の面積を 2 通りで考えてやる、というのが有効です。すなわち、△AOB の面積を、

$$\text{底辺 AO} \times \text{高さ BO} \times \frac{1}{2} \text{と、底辺 AB} \times \text{高さ OH} \times \frac{1}{2}$$

という 2 つの捉え方をしてやります。

そして当然この 2 つは同じ三角形の面積を表しているので、等しくなるはずです。すると、

$$a \times b \times \frac{1}{2} = \sqrt{a^2+b^2} \times \mathrm{OH} \times \frac{1}{2}$$

となり、これより

$$\mathrm{OH} = \frac{ab}{\sqrt{a^2+b^2}}$$

が求められます！（今後引き続きこの式を使うので、分母は有理化（分母から$\sqrt{\ }$をなくすこと）せずにこのままにしておきましょう）。

だんだんゴールが近づいてきましたね。

では次は、△COH に三平方の定理を使って、CH の長さを出しましょう。

$$\begin{aligned}CH^2 &= CO^2 + OH^2\\ &= c^2 + \left(\frac{ab}{\sqrt{a^2+b^2}}\right)^2 = c^2 + \frac{a^2b^2}{a^2+b^2}\\ &= \frac{c^2(a^2+b^2)+a^2b^2}{a^2+b^2} = \frac{a^2b^2+b^2c^2+c^2a^2}{a^2+b^2}\end{aligned}$$

となりますね。そして、これの$\sqrt{\ }$をとって、

$$CH = \sqrt{\frac{a^2b^2+b^2c^2+c^2a^2}{a^2+b^2}}$$

です。

さあ、仕上げです！　△ABC の面積は、①より $AB = \sqrt{a^2+b^2}$でしたので、

$$AB \times CH \times \frac{1}{2} = \frac{1}{2} \times \sqrt{a^2+b^2} \times \sqrt{\frac{a^2b^2+b^2c^2+c^2a^2}{a^2+b^2}}$$

$$= \frac{\sqrt{a^2b^2+b^2c^2+c^2a^2}}{2}$$

が答えです！　式にきれいな対称性が表れていますね！　美しい！

答え

$$\frac{\sqrt{a^2b^2+b^2c^2+c^2a^2}}{2}$$

振り返り

シンプルな問題ですが、きちんと解こうと思えば結構な労力がかかる問題です。ただ、直線や平面の垂直は、本当は厳密に扱いたいのですが、直感的に判断して解答を進めていくのも、それはひとつの数学のスタンスとして OK です。数学の厳しさを認識しつつ、でも柔らかく楽しむ数学も、それはそれで正しい数学との付き合い方だとも思っています。先ほどいったことと矛盾するようですが、あまり肩ひじ張りすぎないようにするのも、楽しむ上では大切だったりもしますしね。

なお、今回は本書の特性上、わずかな数学的予備知識で解ける解法を選択しています。数学に精通している方は、ベクトルでも解けるし、ヘロンの公式を使ってもいいでしょう。

余裕のある方はそちらの解き方も試してみるとよいでしょう（本書では解説は割愛します）。

第24問

１辺の長さが２の立方体がある。この立方体の６つの面での中心（対角線の交点）を頂点とする正八面体の表面積は［　　］であり、内接球の半径は［　　］である。

（東京薬科大学）

解法の道しるべ

◆「立方体」とは、６面サイコロのような６つの正方形でつくられた立体のことです。その６つの面の中心を結んで立体をつくると、８つの合同な正三角形で構成される立体が得られます。これが、「正八面体」と呼ばれるものです。

本問は、この正八面体の表面積（つまり、構成されている８つの正三角形の面積の和）と、その正八面体に内接する球の半径を求める問題です。

◆立体図形というのは３次元内にあるので、それを２次元である平面で表現するのには限界があります（我々は図形を紙の上で考察するわけですが、紙面が２次元である以上、どうしても３次元の立体を捉えるのに限界があるわけです）。そこで、２次元によって立体図形を捉えるとき、立体を切り取ったある平面（これは２次元の紙の上に正確に表現できます）で考えるとわかりやすくなります。となればポイントは、「知りたい長さを求めるために、どの平面で切ればよいのか」の判断になってくるわけです。

◆正三角形の面積は、その１辺の長さが求まれば計算できます。ですので、つくられた正八面体の１辺の長さ（これが、各面の正三角形の１辺の長さになります）を考えればよいでしょう。そのためには、どの平面で考えるのがよいでしょうか？

◆後半は、正八面体の中にすっぽりと球が収まるとき、その球の半径を求める問題です。ここでのポイントは、内接球がどの部分で正八面体と接するかということです。そして、切るべき平面を考えるときは、その接点を含む面を選択すると考えやすくなります。

解説　知りたい長さを含む平面で立体を切る

まず前半の、正八面体の表面積から考えていきましょう。問題文にしたがって、立方体から正八面体をつくると右の図のような正八面体 PQRSTU が現れてくるのがわかるでしょう。

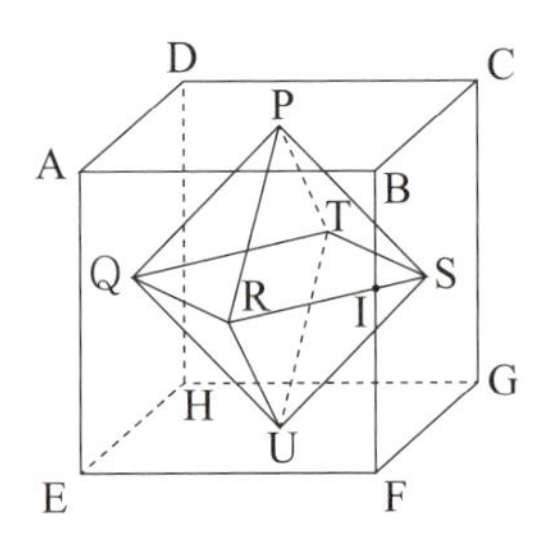

正八面体の各面はすべて同じ大きさの正三角形であり、これが8個集まることで正八面体が形成されています。つまり、この正三角形1つ分の面積がわかれば、それを8倍したものが答えになりますね。さらに、正三角形は1辺の長さがわかれば、その面積が計算できます。そして、その正三角形の1辺とはとりもなおさず正八面体の1辺の長さと同じなので、これがわかれば解けたようなものです。

【解法の道しるべ】で見たとおり、立体を考える際に「平面で切る」というのはとても有効です。そして、求めたい部分によって、その都度どの平面で切って考えるのがよいか、の判断が重要になってきます。

つまり右上の図において、求めたい部分を含む最も適切な面で切ることを考えます。それはどこかというと、たとえば正八面体の頂点 Q，R，S，T を含む平面ですね。そうすると、右のような切り口を取り出すことができます。この外側の四角形は正方形ですし、点 Q，R，S，T はその正方形のそれぞれの辺の中点にきます。そして、TQ，QR，RS，ST はそれぞれ、考えたい正八面体の1辺に相当する部分です。ですので、この

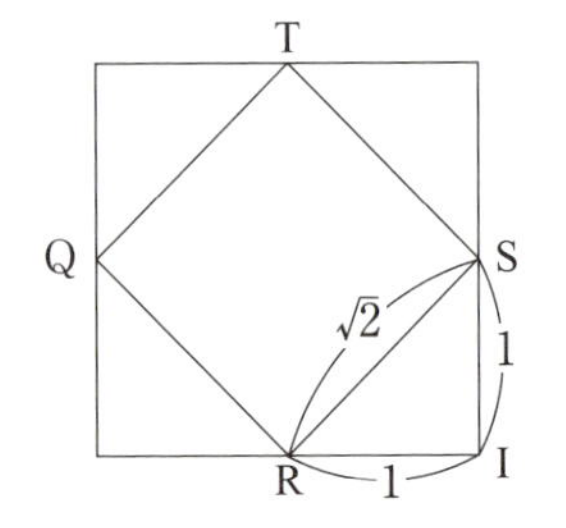

長さがわかればよいわけですね！

この外側の正方形の１辺の長さは、立方体の１辺の長さと同じなので2です。なので、図のRI，SI（Iは立方体の辺BFの中点にあたる点です）の長さはそれぞれ１で、△SRIは直角二等辺三角形になっています。ですのでRS＝$\sqrt{2}$であり、これがつまり表面積を求めたい正八面体の１辺の長さに相当します。

では続いてこの切り口から離れ、△PRSの面積を求める段階に移りましょう。△PRSは正三角形になるわけですが、もしかしたら「本当に△PRSは正三角形といえるの？　二等辺三角形っていうことはないの？」と、疑問に思う方もいるかもしれません。

そうした疑問はとっても大切です！　数学の世界で、「疑う」姿勢は大変重要なのです。「明らかそうに見えることでも、あるいは感覚的にそういえそうなことであっても、それが本当に理論的に正しいのかどうかを検証する」ことは、数学をする上で常に持っておきたい姿勢です。

ではその疑問を解消するために、今度は別の切り口（P，R，U，Tを含む平面）で切ってみましょう。すると、その切り口は右図のようになって、これは先ほどの図とまったく同じ形ですね。なので、PR＝$\sqrt{2}$がいえます。まったく同様にPSも$\sqrt{2}$といえるので、やっぱり△PRSは１辺が$\sqrt{2}$の正三角形であることが確かめられました。

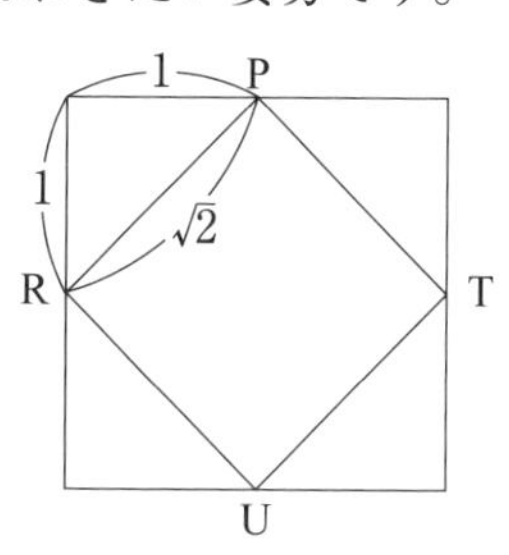

次に、この面積を求めてみましょう。

右の図のようにPからRSに垂線を下ろして、その足をJとします。このとき△PRJは、30°, 60°, 90°の直角三角形なので、

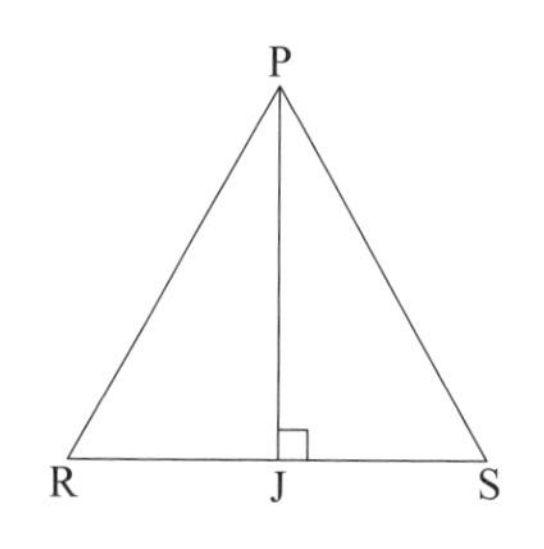

RJ：PR：PJ＝1：2：$\sqrt{3}$です。ここでPR＝$\sqrt{2}$でしたので、RSを底辺と見たときの正三角形の高さPJは以下となります。

$$PJ=\frac{\sqrt{3}}{2}PR=\frac{\sqrt{3}}{2}\times\sqrt{2}=\frac{\sqrt{6}}{2}$$

よって、△PRSの面積は、

$$RS\times PJ\times\frac{1}{2}=\sqrt{2}\times\frac{\sqrt{6}}{2}\times\frac{1}{2}=\frac{\sqrt{12}}{4}=\frac{2\sqrt{3}}{4}=\frac{\sqrt{3}}{2}$$

となります。そして、正八面体の表面積はこれを8倍することで

$$\frac{\sqrt{3}}{2}\times 8=4\sqrt{3}$$

これが前半の答えです！

では続いて、この正八面体に内接している球の半径を考えましょう。これもやはり、適切な平面で切って考えるのですが、どの平面で切るのがよいでしょうか？

たとえば、P，R，U，Tを含む平面で切ってみましょう。するとこの切り口の中に球の切り口はどのように書けるでしょうか？　右のような形でしょうか？　答えはノーです。

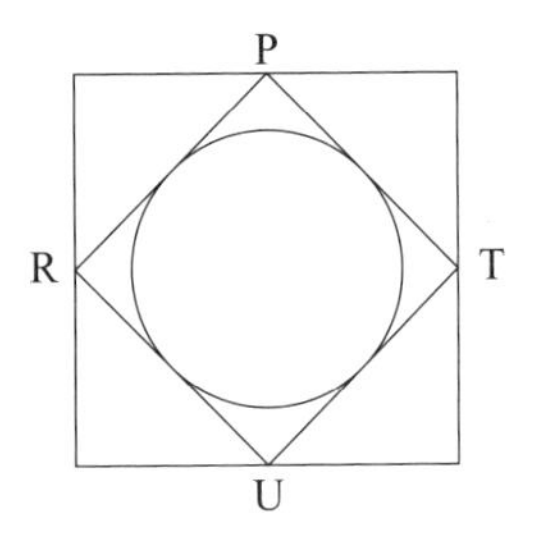

なぜかというと、内接球は、正八面体と辺PR，RU，UT，TPで接することはないからです。もともとの立体図でイメージしてみてください。球が、辺PR，RU，UT，TPに接したとすると、その時点で球は、正八面体からポコッとはみ出ちゃってませんか!?　たとえば△PRSの真ん中あたりから球の一部がはみ出ちゃっています。どうです？　イメージできました？

なので、内接球の切り口がこの図のような位置にくることはありません。

では、どの面で切るのが適切なのでしょう？　そのためのヒントとして【解法の道しるべ】でも触れたとおり、球が正八面体に内接するとき、「その接点を含む平面で切る」ことが重要です。

では、球と正八面体が接するのはどの位置でしょう？　イメージとしては、正八面体の内側にごく小さな球を考えて、徐々にそれを大きく膨らま

せていくとよいでしょう。そして、初めて正八面体に触れたとき、どこに触れるかを考えるとわかりやすいです。それが正八面体の中にぎりぎり球が収まるときで、その触れている点が接点です。

さあ、小さな球をどんどん膨らませてみましょう。

どうです？　いま触れました?? それはどこですか？

きっと、あなたの頭の中の球はいま、各正三角形の面のちょうど真ん中あたりに、「ぴたっ」と触れたのではないでしょうか？　さあ、ではイメージが鮮明なうちに、その点を含む平面で切っちゃいましょう！　スパッ！

たとえば、△PQR，△QRU，△STU，△PSTとそれぞれ接した、その点を含む平面で切ってみることにします（それはちょうど、点A，E，G，Cを含む平面と一致するのがわかると思います）。また、その平面は、辺QRの中点と辺STの中点をそれぞれ通ったはずです（これらの点を、それぞれK，Lとします）。すると切り口の図形は、右のようになるはずです。ちゃんと、内接球は、四角形PKULに接していますね！

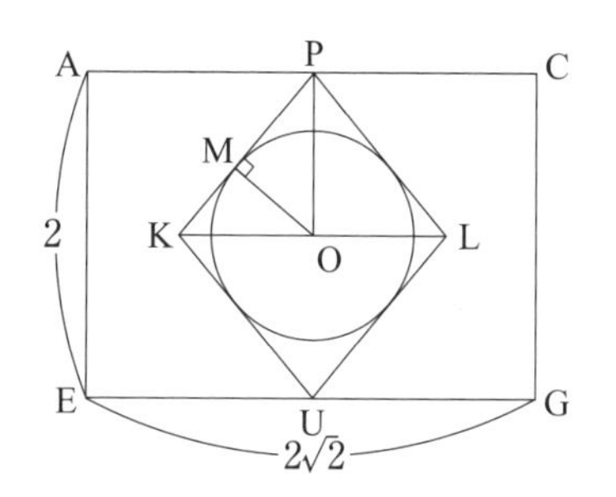

では、いよいよ仕上げに入っていきます。求めたいのは内接球の半径ですが、それは、右上の図で円の半径に相当します。なぜかというと、球の対称性により中心もこの平面に含まれているからです。そこで、球の中心をOとすると、Oは図の位置にきますね。

円（球）とPKとの接点をMとすると、求めたい半径はOMの長さです。では、図のそれぞれの部分の長さを求めていきしょう。

KLは、もとの立体の図を見ると、QTやRSと同じ長さになり、$\sqrt{2}$です。

PKは、先ほど見たPJと同じ長

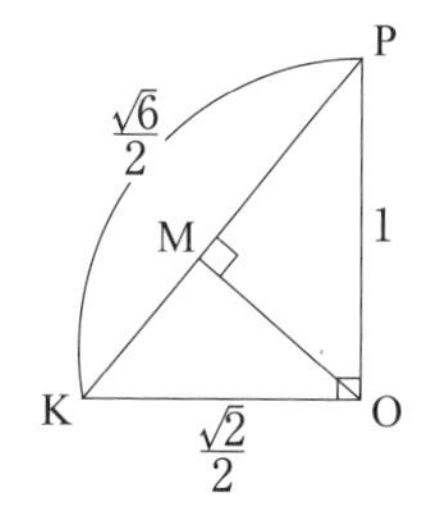

さに相当するので、$\frac{\sqrt{6}}{2}$ です。

PO は、ちょうどもとの立方体の高さの半分に相当するので、1 です。

ここで△PKO に注目してみましょう。KO は KL の半分なので $\frac{\sqrt{2}}{2}$ です。∠POK＝90°，PK⊥OM より、△PKO の面積を 2 通りで表すことにより、

$$KO \times PO \times \frac{1}{2} = PK \times OM \times \frac{1}{2}$$

$$\frac{\sqrt{2}}{2} \times 1 \times \frac{1}{2} = \frac{\sqrt{6}}{2} \times OM \times \frac{1}{2}$$

これを計算し、$OM = \frac{\sqrt{3}}{3}$ となります。これが、求める球の半径です！（なお､いま OM の長さを求めるのに面積に注目しましたが､△PKO と△POM が相似であることから、対応する辺の長さの比例関係を使っても求められます)。

答え

正八面体の表面積　$4\sqrt{3}$
内接球の半径　$\frac{\sqrt{3}}{3}$

振り返り

立体図形の問題のポイントは何といっても「適切な平面で切って考える」ことです。そして、その着目した 2 次元の平面と、3 次元的な立体の図を行ったり来たりして、それぞれの長さを対応づけていくことが重要になります。本問をとおして、その感覚を味わってもらえたのではないでしょうか？

第25問

半径rの球面上に4点A，B，C，Dがある。四面体ABCDの各辺の長さは、

$$AB=\sqrt{3},\ AC=AD=BC=BD=CD=2$$

を満たしている。このときrの値を求めよ。

（東京大学）

解法の道しるべ

◆実に短い問題ですね。問題文は5秒ぐらいあれば読めそうです。でもこの裏にはどれだけ深い理論が潜んでいて、答えにたどり着くまでにいったいどれぐらいの道のりを経ないといけないのかは、まったく想像がつかないですね(笑)。ひたすら正しいと思う方向へ歩を進めていくだけです。それこそ、森の中で道なき道をゴールを目指して一歩ずつ進んでいくような感覚に近いかもしれません。

◆本問の難しさのひとつは､図が与えられていないところにあります｡「図」を正しくイメージできるか、というのが大きな第一歩ですね。これについてまず考えてみたいと思います。

各辺の長さを見ると、ABだけが特殊で、あとはどれも2で同じですね。

ここでちょっと話を広げてみましょう。四面体（各面4つの三角形で構成された立体）の辺は全部で何本あるでしょう？　これには「組合せ」の式が役立ちます。辺とは言い換えると、立体の2つの頂点を結んだ線分のことです。つまり正四面体の頂点は4つありますが、その4つの頂点から2つ選べば、それで辺が1つ決まるわけです。四面体に限れば、2頂点を結ぶとそれはすべて辺になります。ですので、辺は全部で

$_4C_2=\dfrac{4!}{2!2!}=\dfrac{4\times3}{2\times1}=6$(本)あることがわかります。

いま問題文には長さが6個与えられていますが、これですべての6つの辺が登場しているわけですね。

では、本題に戻りましょう。

立体の図形をイメージするために、3次元で考えるよりも2次元で考える方がやりやすい、という話はずっとしてきました。ここでは、各「面」(つまり三角形)を考えてみましょう。たとえばひとつの面△ABCは、$AB=\sqrt{3}$、$BC=AC=2$という情報から、二等辺三角形であることがわかります。また、同じくABを1辺に持つ△ABDの面も、$AB=\sqrt{3}$、$BD=AD=2$より二等辺三角形とわかります。では、残り2つの三角形はどうでしょう？　残り2つは、△ACDと△BCDです。△ACDについては、$AC=CD=DA=2$の正三角形、△BCDについても、$BC=CD=DB=2$の正三角形です。

どうでしょう？　立体の形がだいぶイメージできてきましたか？

では、いよいよこれら2つの二等辺三角形と2つの正三角形を組み合わせて立体をつくってみましょう(ぜひ紙に書いてみてください)。

…さあ、できましたか？　では、答え合わせです。ジャーン(右の図)！　どうでしょう？　合っていましたか？(ちなみに$\sqrt{3}=1.732\cdots$で$\sqrt{3}<2$となるので、△CABや△DABは平面で見ると若干縦長の二等辺三角形ですね)

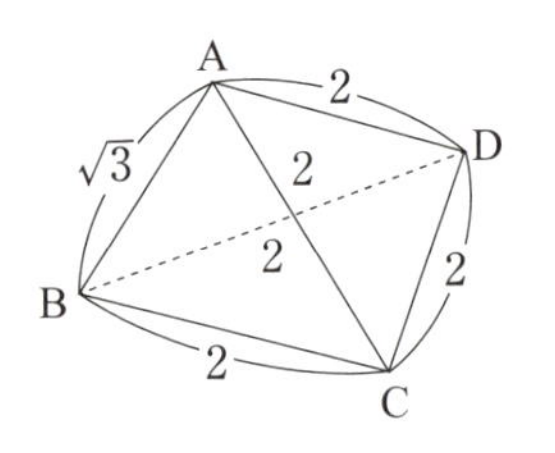

この問題は、まずこの立体図をイメージする(書く)ところが出発点です。

◆半径rの球面上に4点A, B, C, Dがある(言い換えれば、四面体ABCDが球に内接している)ので、この球の中心をOとすると、球面上の点はすべて中心から等距離にあります(それがつまり球の半径rになります)。すなわち、$OA=OB=OC=OD=r$であることがわかります。そうするとあとは、中心Oが、この立体のどこにあるかがわかれば、立体図形の解法の定石である「求めたい長さを含む平面で切る」ことにより、球の半径rが求まりそうです。

ちょっと希望の光が射してきた感じですね！　さあ、ゴールに向かって、勇気を出して歩を進めていきましょう！

解説　知りたい長さを含む“最適の平面”を選択する

【解法の道しるべ】でも見たとおり、球の中心Oがこの立体のどこにくるのかを判断することが重要です。そのために、ここで「対称性」について考えてみたいと思います。

まず立体図形のイメージはできていますでしょうか？

ここで、辺ABの中点Mを考えてみたいと思います。そうすると、平面MCDに関して、立体BMCDと立体AMCDが対称関係にあることが見て取れると思います。するとその対称性より、平面MCD上にある点はすべて、点Aと点Bから等距離にあることになります。ここで球の中心Oは、内接している四面体の頂点であるA，Bから等距離にあるため、Oは平面MCD上にくることがまずわかります。

同様に、今度は辺CDの中点Nを考えてみます。そうするとここでも、平面ABNに関して、立体DABNと立体CABNが対称関係にあることから、平面ABN上の点が、点Cと点Dから等距離にあることがわかります。すなわち、球の中心Oは平面ABN上にもあることがわかります。

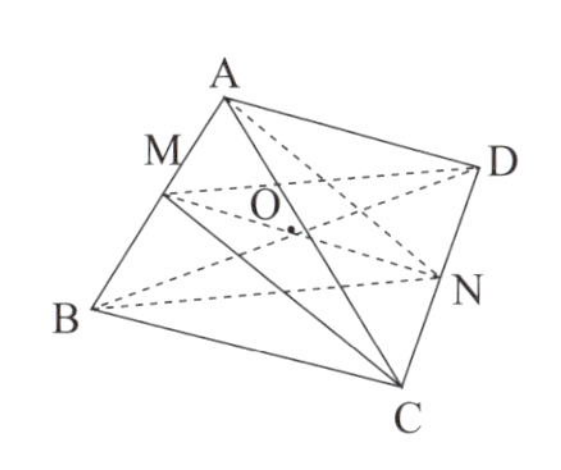

以上より、球の中心Oは平面MCD上の点でもあり平面ABN上の点でもあることがいえました。つまりこれは、点Oが、この2つの平面の共通部分、すなわち線分MN上にあるということを意味しています。

さあ、だいぶ進んできましたね。これで、球の中心Oの位置を立体図に記すことができました。そして求めるべきrとは、OA，OB，OC，ODの長さのことですね。これらは当然どれも同じ長さなので、求めやすいところを攻めていけばよいでしょう。

では、どこから攻めていくのがやりやすいでしょうか？【解法の道しるべ】でも触れたとおり、立体図形を解くための定石は「求めたい長さを含む平面で切る」ことでした。さあ、どこで切りましょう。選択肢はそれほど多くないと思います。きっとあなたもいま、平面MCD（△MCD）か平面ABN（△ABN）に注目しようとしているのではないでしょうか？

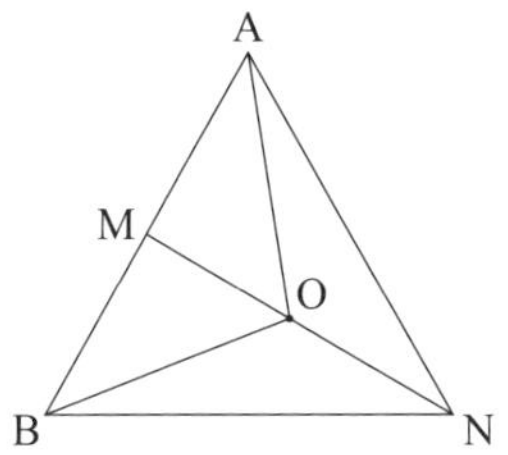

たとえば平面ABN（△ABN）で切ってみましょう（右図）。まずこのANの長さを考えてみます。

△ACDに注目するとこれは正三角形でしたので、△ACNは、$CN:AC:AN=1:2:\sqrt{3}$の直角三角形です。$AC=2$なので、$AN=2\times\frac{\sqrt{3}}{2}=\sqrt{3}$となることがわかります。当然図中のANも$\sqrt{3}$です。また△BCDも正三角形なので、BNについてもまったく同じことがいえ、$BN=\sqrt{3}$になります。

さらに、与えられた条件よりABも$\sqrt{3}$でしたので…、おお！　なんと！　△ABNは正三角形でした！　これはうれしいですね！　砂漠の真ん中でオアシスを見つけたようなものです（笑）！

また先に確認したとおり、OはMN上にありましたね。そして、$OA=OB$です。

ただ、うーん、これだけではまだこの平面上のOの位置はわからないですね。実はそれもそのはずで、この図にはまだ「$OC=OD$」という条件が反映されていないからです。この情報をこの図に込めてやらないといけないわけです。さあ、それにはどうしましょうか？

OCやODが欲しいので、次に平面MCD（△MCD）に移るのもいいですが、ここでは三角錐OBCDを考えてみることにします。この三角錐は、頂点Oから残りの頂点までの距離がOB＝OC＝ODと等しく、底面が正三角形というキレイな形をしていますね。このような三角錐を「正三角錐」といいます。

そして正三角錐には大きな特徴があって、その頂点から底面（正三角形）に垂線を下ろしたとき、それが底面の正三角形の「ちょうど真ん中」にくるという性質があります。ただ、この「ちょうど真ん中」というのは感覚としてはわかりやすいですが、数学的にはちょっとマズいですね（笑）。

実は正三角形では、その内心・外心・重心・垂心はすべて一致し、その点がいまいっている「ちょうど真ん中」の点にあたります。

この「ちょうど真ん中」の点をHとすると、Hは正三角形BCDの右図の位置にきます。HはBN上に来ますので、このHは、平面ABN（△ABN）にも現れることになります！　つまり、平面ABN（△ABN）を取り出した右下図において、点Hがこの位置にくることになります。

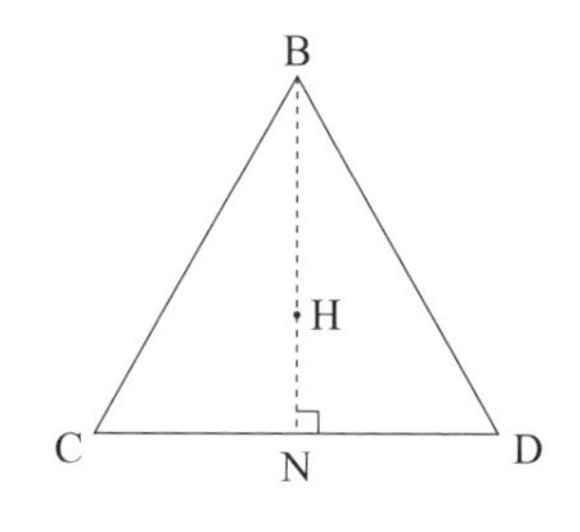

上の図の△BCDにおいて、【基本定理・公式】で説明した重心の性質である「重心は各中線を2：1に分ける」を使うことで、
BH：HN＝2：1がわかります。ここでBN＝$\sqrt{3}$でしたので、
BH＝$\sqrt{3}\times\frac{2}{3}=\frac{2\sqrt{3}}{3}$となります！

では、右の平面ABNの図に移りましょう。いま△BCDを考えることでBH＝$\frac{2\sqrt{3}}{3}$とわかりましたが、当然この図の△OBHにおけるBHの長さも同じ$\frac{2\sqrt{3}}{3}$です。そして知りたいゴールはOBでした。そこまでたどり着くためには、あとはOHがわかれば△OBHに三平方の定理を適

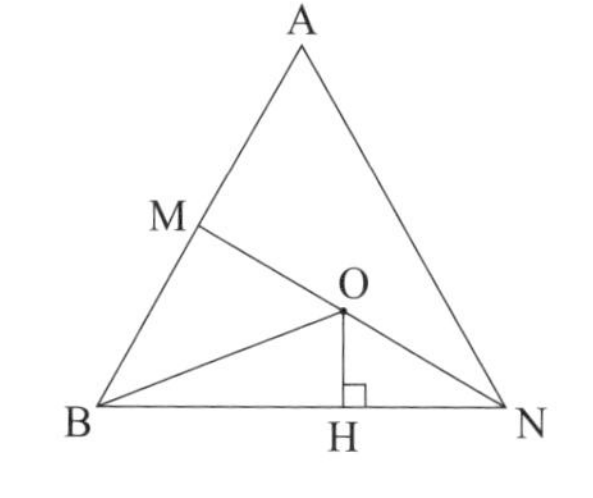

用することで求まりますね。

右隣に△OHNが見えますが、これはどんな三角形でしょう？　△ABNは正三角形でMはABの中点でしたので、∠ONH＝30°ですね！　そして∠OHN＝90°より、この三角形は、OH：ON：HN＝1：2：$\sqrt{3}$の直角三角形になっています！　$HN=BN-BH=\sqrt{3}-\frac{2\sqrt{3}}{3}=\frac{\sqrt{3}}{3}$なので、

$OH=HN\times\frac{1}{\sqrt{3}}=\frac{\sqrt{3}}{3}\times\frac{1}{\sqrt{3}}=\frac{1}{3}$と計算できます。

さあ、最後の一歩です！　三平方の定理より、

$$OB^2=OH^2+BH^2=\left(\frac{1}{3}\right)^2+\left(\frac{2\sqrt{3}}{3}\right)^2=\frac{1}{9}+\frac{12}{9}=\frac{13}{9}$$

なので、$OB=\sqrt{\frac{13}{9}}=\frac{\sqrt{13}}{3}$となります。

そして、これが球の半径rでしたので、$r=\frac{\sqrt{13}}{3}$。ゴール到着です!!

答え

$r=\frac{\sqrt{13}}{3}$

模範解答

各辺の長さより、四面体ABCDは右図のようになる。

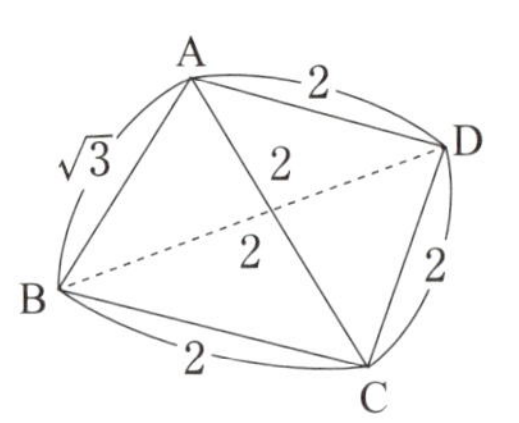

ABの中点をMとすると、点Aと点Bは平面MCDに対し、対称な位置にあるので、外接球の中心（点Oとする）は、OA＝OBより、平面MCD上にある。　……①

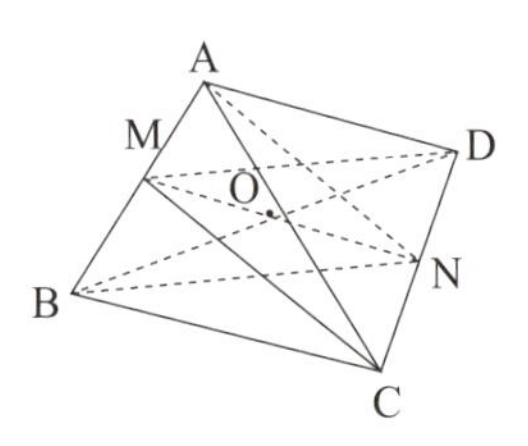

また同様に、CDの中点をNとすると、点Cと点Dは、平面ABNに対し対称な位置にあるので、OC＝ODより、点Oは平面ABN上の点でもある。　……②

よって、①，②より、球の中心Oは平面MCDと平面ABNの共通部である線分MN上にある。

ここで、△BCD，△ACDはそれぞれ1辺の長さが2の正三角形なので、$BN=AN=\sqrt{3}$である。 ……③

また$AB=\sqrt{3}$より、△ABNも正三角形である。

ここで、三角錐OBCDを考える。底面BCDは正三角形であり、OB＝OC＝ODであることから、Oから底面BCDに下ろした垂線の足をHとすると、Hは△BCDの重心となる。

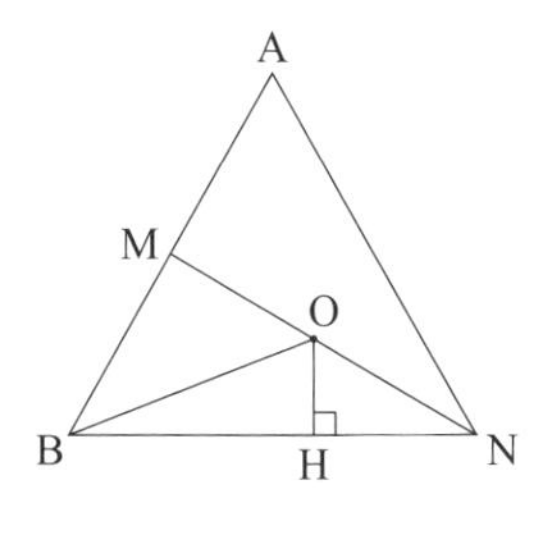

よって、BH：HN＝2：1となるので、③より$BN=\sqrt{3}$であることから、

$$BH=\frac{2}{3}BN=\frac{2}{3}\times\sqrt{3}=\frac{2\sqrt{3}}{3}$$

$$HN=\frac{1}{3}BN=\frac{1}{3}\times\sqrt{3}=\frac{\sqrt{3}}{3}$$

ここで、△ABNは正三角形であり、MはABの中点であることから

$\angle ONH=30^\circ$

さらに、OH⊥HNより$\angle OHN=90^\circ$なので、

$$OH=\frac{1}{\sqrt{3}}HN=\frac{1}{\sqrt{3}}\times\frac{\sqrt{3}}{3}=\frac{1}{3}$$

以上より、△OBHについて三平方の定理より、

$$OB^2=BH^2+OH^2$$
$$=\left(\frac{2\sqrt{3}}{3}\right)^2+\left(\frac{1}{3}\right)^2=\frac{13}{9}$$

$OB>0$より、$OB=\frac{\sqrt{13}}{3}$となり、

これが求める外接球の半径であることから、

$r=\frac{\sqrt{13}}{3}$である。

振り返り

まず全体の図形を正確に捉えるところから始まり、球の中心Oの場所を見つけ、あとは具体的にそれぞれの長さを求めるために、必要な平面を行き来して求めたい部分に近づいていく、という空間図形を解くためのすべてのステップをたどってきました。

頭の中で空間を想定し、その時々で視点を変えて同じ図形をあらゆる角度から捉える、きっと数学以外の場面でも応用できるスキルだと思います。

あなたがそのスキルを身につけるための一役を、本書が担ってくれることを願っています！

第4章

確率問題

確率は、我々の生活にもっとも近い数学といえるかもしれません。天気予報の降水確率や野球選手の打率も、広い意味でいうと確率です。

「確率は苦手だった」という方も多いようですが、そんな方にも楽しんでもらえるような問題をえりすぐってみました。

基本定理・公式

確率の考え方

確率とは、あることがらがどんな割合で起こり得るかを表したものです。

たとえば、どの目も等しい割合で出る（これを数学の用語で「同様に確からしい」といいます）サイコロを考えた場合、それぞれの目が出る確率は$\frac{1}{6}$ですね。

連続して起こる場合や、同時に起こる場合の確率を考える場合、それぞれの確率同士をかけてやることで計算できます。

たとえば、「サイコロを2回振るとき、1回目にも2回目にも1が出る確率」は、「1回目に1が出る確率」と「2回目に1が出る確率」をかけてやればよいわけです。すなわちこの確率は、$\frac{1}{6}\times\frac{1}{6}=\frac{1}{36}$となります。

また、「2個のサイコロを振るとき、両方とも1の目が出る確率」は、「ひとつのサイコロで1が出る確率」と「もうひとつのサイコロで1が出る確率」をかけてやります。結果は同じ$\frac{1}{6}\times\frac{1}{6}=\frac{1}{36}$となります。

これらは言い換えれば、「かつ」の条件です。「ある出来事が起こる」かつ「別の出来事が起こる」と考えるとわかりやすいでしょう。この場合、それぞれの確率をかけることになるわけです。

一方、「あることがらか、もしくは別のことがらが起こる確率」を計算するときは、それぞれの確率を足すことになります。

たとえば、「1個のサイコロを振って、1の目か2の目が出る確率」は、「1の目が出る確率」と「2の目が出る確率」を足します。すなわち、この場合の確率は、$\frac{1}{6}+\frac{1}{6}=\frac{2}{6}=\frac{1}{3}$となります。

これは言い換えれば、「または」の条件です。それぞれが別個に起こる（同時に起こることはない）と考えるとわかりやすいでしょう。

確率を「かける」のか「足す」のかは、大学受験生でもたまに混乱するところですので、しっかり意識しておきたいです。

次に、「2個のサイコロを振ったとき、出た目の和が10になる」確率を考えてみましょう。

このケースでは、出た目の和が10になる場合を具体的に考えることになるはずです。2個のサイコロをA、Bとした場合、出た目の和が10になるようなAとBの目の出方としては、(4，6)，(5，5)，(6，4）の3通りがありますね。

一方、AとBの目の出方のパターンは全部で何通りあるかというと、Aで6通り、Bで6通りですが、Aのそれぞれの目の出方についてBの目の出方が6通りあることになります。よって、全部で6×6＝36通りのパターンが存在します。

つまり、全部で36通りある中で、足して10になるのが3通りあることから、その確率は$\frac{3}{36}=\frac{1}{12}$と計算できます。

ここでやった計算をまとめると、あることがらが起こる確率は、

$\frac{\text{注目するケースが起こる場合の数}}{\text{起こり得るすべての場合の数}}$という式で表すことができます。この考え方も、確率を考える上でのベースとなります。

ところで、ここで2個のサイコロにあえてA、Bと名前をつけています。これは「2個のサイコロを明確に区別した」ということができます。これについてさらに掘り下げてみましょう。

別の例で、2枚のコインを投げることを考えます。そして、表が出る確率と裏が出る確率がそれぞれ$\frac{1}{2}$だとしましょう。このとき、「2枚とも表が出る確率」を考えてみます。

この答えは、最初に見た「確率同士をかける」ことですぐにわかります

ね。つまり、1枚のコインで表が出る確率の$\frac{1}{2}$をかけた$\frac{1}{2}\times\frac{1}{2}=\frac{1}{4}$が答えです。なんてことないですね。

ところが、「2枚とも表が出る確率」を次のように考えるとどうでしょう？　2枚のコインの裏表のパターンは全部で、(表，表)，(表，裏)，(裏，裏）の3通り、なので、(表，表）となる確率は$\frac{1}{3}$である。

……あれれ？　答えが先ほどと違っちゃいました…！　両方正しい？いえいえ、やっている行為（現象）は変わらないのに、考え方によって確率は2種類存在する？　そんなバカなことはないですよね…！

結論は、$\frac{1}{3}$のほうが間違っていて、それは、2枚のコインを区別することで解消されます。つまり、それぞれのコインで表か裏が出ますので、出方のパターンは、(表，表)、(表，裏)、(裏，表)、(裏，裏）の4通りが正しいわけです。つまり、「1枚が表で1枚が裏」となる場合を、「1通り」とカウントするのではなく、「コインAが表、コインBが裏」と「コインAが裏、コインBが表」の「2通り」と数える必要があるわけです。したがって、2枚とも表が出る確率は$\frac{1}{4}$が正しいのです。

これが「区別する」ということの本質です。こちらも、確率を考える際の大きな落とし穴となりやすいところですので、しっかり意識しておきたいものです。

確率問題

第26問

4人でじゃんけんを2回するとき、2回ともあいこになる確率を求めよ。

（2011年　信州大学）

解法の道しるべ

◆とっても身近な事例をもとにした確率問題です。大人になると「じゃんけん」をする機会はめったにありませんが、2人とか3人だとすぐ勝敗が決まるのに、6人ぐらいでじゃんけんするとなると、ずっとあいこばかりで、なかなか勝ち負けが決まらない、みたいな経験は誰しもあると思います。

この問題はまさしくそれで、4人でじゃんけんして、2回やっても勝ち負けが決まらない、ということは十分起こりそうですね！　では、具体的にその確率はどのくらいなのか。それを実際に計算するのがこの問題のテーマです。

◆1回のじゃんけんで「あいこ」になるのは、全員同じ手を出すか、3種類の手がすべて出されたときですね。全員同じ手が出る確率は考えやすそうですが、問題は3種類の手がすべて出た場合です。

たとえば、A，B，C，Dの4人がじゃんけんしたとき、

（A，B，C，D）＝（パー、グー、グー、チョキ）だとあいこになりますね。では、このような手の出方が何通りあるか、これを考えるのが本問の最大のポイントといっていいでしょう。

◆「じゃんけんを２回やる」とありますが、１回目のじゃんけんと２回目のじゃんけんはまったく独立して行われる（つまり、２回目の手の出方は、１回目の手の出方の影響をまったく受けない）と考えてよいため、１回のじゃんけんであいこになる確率がわかれば、２回目は同じ確率をかけてやればよいのです。

たとえば、１回目にあいこになる確率が$\frac{1}{3}$だとすると、２回目にあいこになる確率も同じ$\frac{1}{3}$なので、２回連続あいこになる確率は$\frac{1}{3}\times\frac{1}{3}=\frac{1}{9}$だということです。

◆問題では触れられていませんが、当然「パー」「グー」「チョキ」を出す確率はそれぞれ$\frac{1}{3}$として考えます。余談ですが、統計上、じゃんけんの手でもっとも多く出されるのが、つくりやすい手の「グー」で、もっとも出されにくいのがつくりにくい「チョキ」だと聞いたことがあります。

でもはっきりいってしまえば、２回目の手の出し方って、１回目に何を出したかの影響を本当は受けそうですけどね…（人によってそのクセみたいなものもあるでしょうし）。ただ、本問はそれについては何も触れられていないため、当然１回目も２回目も出す手の確率はすべて$\frac{1}{3}$と考えて構いません。

解説　あいこになる場合を、具体例を挙げて計算

解説では簡単のため、「パー」をP、「グー」をG、「チョキ」をTと表記することにします。

１回のじゃんけんで「あいこ」になるときは、(i)すべての手が同じ、または(ii)3種類の手がすべて出る、のどちらかです。

それぞれを求めて、それらを足してやればOKですね。

(i)　まず、４人とも同じ手を出した場合を考えましょう。

仮に４人ともみんなPを出した場合、それぞれがPとなる確率$\frac{1}{3}$をかけることで、その確率は、

$\frac{1}{3}\times\frac{1}{3}\times\frac{1}{3}\times\frac{1}{3}=\frac{1}{81}$となります。

そして、4人ともそろう手はPかGかTかの3通りあるので、この場合の確率は、$\frac{1}{81}\times 3=\frac{3}{81}$となりますね（あとで足し算をすることになるので、約分せずにこのまま残しておくことにしましょう）。

(ii) 次に、3種類の手がすべて出る場合を考えてみましょう。

4人をA，B，C，Dとしたとき、たとえば【解法の道しるべ】で見たように、手の出し方が（A，B，C，D）=（P，G，G，T）のような場合を考えます。

まず、4人のうちどの2人が同じ手を出すか（必ず同じ手を出す人が2人いるはずですね）で、${}_4C_2=\frac{4!}{2!2!}=\frac{4\times 3}{2\times 1}=6$通りの選び方があります。

次にその2人がどの手で同じかで、3通りあります。

さらに、残りの2人のうちの1人（たとえば、B，Cが同じ手を出したときのA）がどの手を出すかで、B，Cが出した手と違う手を出さないといけないので、2通りです。

そして、残りの1人の出し方は1通りです。

よって、4人A，B，C，Dが3種類の手を出すパターンは、全部で$6\times 3\times 2\times 1=36$通りあることがわかります。そして、それぞれの手の出し方はすべて$\left(\frac{1}{3}\right)^4=\frac{1}{81}$なので、この確率は$\frac{1}{81}\times 36=\frac{36}{81}$と求まります（これも約分せずにこのまま残しておきましょう）。

以上(i)と(ii)より、1回のじゃんけんで「あいこ」となる確率は、

$$\frac{3}{81}+\frac{36}{81}=\frac{39}{81}=\frac{13}{27}$$

となります。

そして、2回目があいこになる確率もこれと同じと考えてよいので、求める確率は

$$\frac{13}{27}\times\frac{13}{27}=\frac{169}{729}$$

になります！

答え

$\frac{169}{729}$

振り返り

答えの$\frac{169}{729}$を小数にすると0.231…なので、だいたい4回に1回は、2回までに勝負が決まらない計算になりますね。うん、確かに個人的な経験上もだいたいそれぐらいのような気がします。

じゃんけんは非常に身近な存在なので、確率問題の題材としてよく出題されますし、解く側もまた興味をもって取り組めるのではないかと思います。もし興味があれば、5人とか6人とかの場合も考えてみると面白いかもしれませんね！（当然この問題より処理は複雑になりますが…）

ここで、別のアプローチも考えてみましょう。あいこを考える際、直接あいこの確率を求めるのが複雑だったり困難だったりした場合に、「あいこではない」場合の確率を考えて、それを1（全体）から引いてやることで、間接的に知りたい確率を求める、という解法が有効なことがあります（この「そうではない場合」のことを「余事象」といいます）。

本問についても、この「余事象」の考え方を使って考えてみましょう。「あいこ」の余事象である「あいこではない」とは、わかりやすくいうとどういうことでしょうか？　そうです、誰かが勝つ（勝敗がつく）ということですね。

では誰かが勝つ（勝敗がつく）とき、どんなパターンがあるでしょうか？「何人勝つか」で分けてやると考えやすいでしょう。

(i)　1人勝ち：「誰が勝つか→何で勝つか」で、$4\times3=12$通りです（勝つ人が決まり、何で勝つかが決まれば、必然的に負けるほうは誰が何の手で負けるかはただ1通りに決まりますので、考慮する必要はありませんね）。

⒤ 2人が勝つ：「4人のうちどの2人が勝つか→何で勝つか」で、$_4C_2 \times 3 = 6 \times 3 = 18$ 通りになります（この場合も、負ける人と何で負けるかはただ1通りに定まります）。

⒥ 3人が勝つ：「4人のうちどの3人が勝つか→何の手で勝つか」で、$_4C_3 \times 3 = 4 \times 3 = 12$ 通りです。

以上より、勝敗が決まる確率は、$\left(\frac{1}{3}\right)^4 \times (12 + 18 + 12) = \frac{42}{81} = \frac{14}{27}$ となります。

よって、あいこ（勝敗が決まらない）になる確率は、$1 - \frac{14}{27} = \frac{13}{27}$ となり、【解説】の1回目の値と一致しているのが確認できますね！　この方法でもOKです。

第27問

ある囲碁大会で、5つの地区から男女が各1人ずつ選抜されて、男性5人と女性5人のそれぞれが異性を相手とする対戦を1回行う。その対戦組合せを無作為な方法で決めるとき、同じ地区同士の対戦が含まれない組合せが起こる確率は［　　］である。

（2010年　早稲田大学）

解法の道しるべ

◆問題のいわんとすることはOKだと思います。5つの地区からそれぞれ選ばれた男女同士が囲碁の対戦をするわけですが、その中には、同じ地区同士の男女の対戦が含まれることもあるでしょう。きっと当の本人たちの心境としては、いつも苦楽をともにしてきた同じ地区の仲間とはなるべく対戦したくないかもしれません。そしてめでたく、どの5つの対戦も同じ地区同士の男女の対戦とはならないような状況は、どんな確率で起こるか、という問題ですね。ドラマがあって素敵です。

◆確率は基本的には、$\dfrac{\text{注目するケースが起こる場合の数}}{\text{起こり得るすべての場合の数}}$ で計算されます。

いまの問題に当てはめた場合、

$\dfrac{\text{同じ地区が当たらないような対戦パターンの数}}{\text{すべての対戦パターンの数}}$ ということになります。

これら分母と分子を別々に考えてやることによって、知りたい確率を求めるという流れになります。

◆分母の「すべての対戦パターンの数」は計算すれば出せますが、分子の「同じ地区が当たらないような対戦パターン」というのは、実際調べてみないと、計算して一発で出るようなものではなさそうです。地道に調べ上げる作業が要求されます。

解説　条件に合うパターンを丁寧に調べていく

【解法の道しるべ】で見たように、確率を求める際には、分母にくる全体の場合の数（○通り）と、分子にくる、いま注目しているケースの場合の数（○通り）をそれぞれ考えてやります。

まず、分母である全体の対戦パターンから考えていきましょう。

仮に男性をA，B，C，D，Eとして、女性をa，b，c，d，eとします(同じアルファベット同士は、同じ地区だとします)。このとき、すべての対戦のパターンとは、たとえば男性Aがどの女性と対戦するかで5通り、そのそれぞれについて、男性Bがどの女性（4人残っています）と対戦するかで4通り、またそのそれぞれについて、Cの対戦相手が3通り、Dの対戦相手が2通りの場合があり、最後のEは残りの女性との対戦が決まるので1通りとなります。

つまり、すべての男女の対戦のパターンは、5×4×3×2×1＝120通りあることになります。これがまず求める確率の分母にきます。

では続いて分子、つまり同じ地区の男女が対戦しないようなすべてのパターンの数を考えていきましょう。それはたとえば、A－c，B－a，C－d，D－e，E－bというような対戦の組合せです。こういった対戦パターンが全部で何通りあるか、これが分子にくる数字です。

なかなかすぐには見当がつきにくいので、具体的に調べていくことにしましょう。

まず、A－aの対戦だと、いきなり同じ地区同士で当たってしまいますので、Aの対戦相手は、b，c，d，eの誰かでなくてはなりません。ここで仮に、A－bという対戦だったとしましょう。では、これに続くB，C，D，Eの対戦パターンはどうなるでしょう。

Aとbが対戦した場合、Bは、a，c，d，eすべての女性と対戦が可能です。B－aの場合、残る女性はc，d，eですが、C－cはNGなので、CはC－dかC－eとなります。C－dのとき、c，eの女性が残っていますが、E－eとなってはいけないので、D－eとE－cが確定します。また、

C－eの場合は、残るはc，dですが、D－dはNGなのでその先は必然的にD－cとE－dと決まります。
以上を図にすると、以下のように表すことができます。

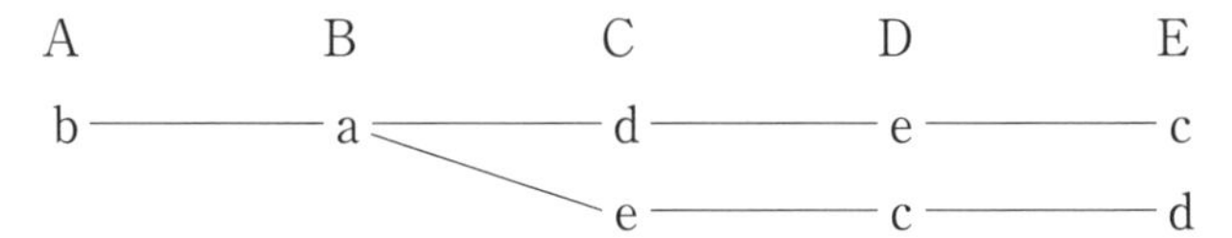

では次に、Aとbが対戦し、Bがcと対戦する場合はどうなるでしょう？上と同じような図で考えてみましょう。それができれば、B－d、B－eの場合も順に考えてみてください。
どうでしょう？　書いてみましたか？　では、答え合わせです。

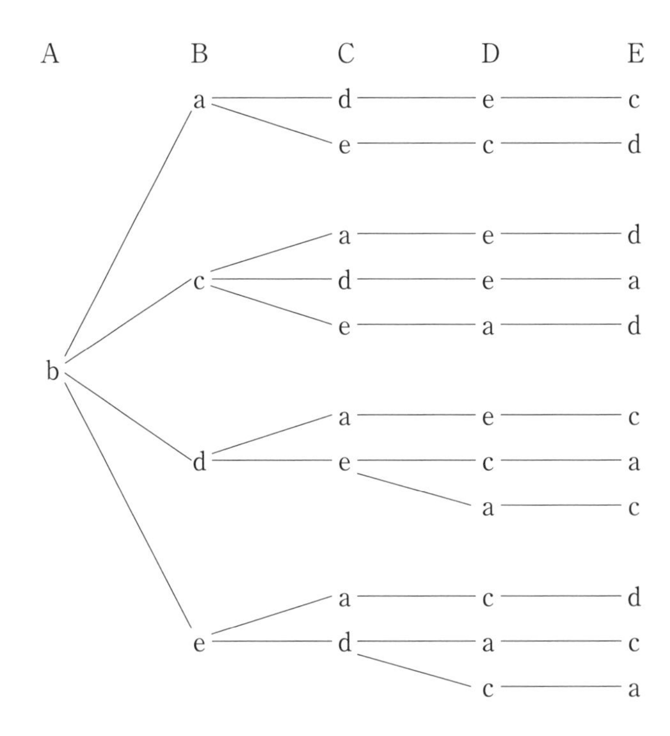

B－c、B－d、B－eの場合は、上のようにそれぞれ3通りの対戦パターンが可能ですね。この図から、Aがbと対戦した場合は、B以下について

同じ地区同士が当たらない対戦の組合せは 11 通りあることがわかります（なお、このような図を「樹形図」といいます）。

いま A−b を考えましたが、A−c、A−d、A−e はそれぞれまったく同様に考えることができるので、同じ地区同士が当たらないすべての対戦の組合せは、$11 \times 4 = 44$ 通りだとわかります！（最後のここはかけ算で一気に処理することができますね）。

以上より求める確率は $\frac{44}{120} = \frac{11}{30}$ となります！

答え

$\frac{11}{30}$

振り返り

分母の処理は 1 回の計算で求まりましたが、このような設定では分子はじっくり数え上げていくしかないです。確率は計算による処理ももちろん大事ですが、このような細かい数え上げもおろそかにできません。ひとつひとつミスなく遂行するのはなかなか神経を使う作業ですが、こういった地道な作業も（華やかな数式だけでなく）数学の重要な一部です。

こういった思考は、脳のトレーニングにはもってこいだと思います。ぜひ楽しみながら、ひとつひとつ数え上げていってもらえたらと思います。

第28問

大、中、小3個のさいころを同時に投げるとき、それぞれのさいころの出る目をa, b, cとする。出る目に応じて、得点を次のように定める。

・$a+b<c$ のとき、得点を$(a+b+c)$点とする。

・$a+b \geqq c$ のとき、得点を$2(a+b+c)$点とする。

このとき、得点が5点となる確率は［　　］であり、得点が8点以下となる確率は［　　］である。

（2017年　東京慈恵会医科大学）

解法の道しるべ

◆これも、設定の読み取りが難しいということはないでしょう。この問題へのアプローチも、まずは「シミュレーション」してみることが大切です。

つまり前半の問題では、「得点が5点」となるとき、具体的にどんな(a, b, c)の出方があるのかを考えていき、そこから計算処理に持ち込む、という手順です。また、後半の「得点が8点以下」の場合も、具体的にどんな場合が当てはまるのかをシミュレーションし、その中から一般化し計算へと移っていく流れがよいでしょう。

解説　条件を満たすパターンを効率的に探していく

「得点が5点となる」とき、どのような目の出方があるか、具体的に考えていきましょう。

まず、$a+b \geqq c$ のときは得点が$2(a+b+c)$点になりますが、これはa, b, cがいずれも1以上であることから得点は6点以上になり、5点になることはあり得ないですね。ですので、$a+b<c$ のときだけを考えればよいことがわかります。

得点が5点になるとき、「$a+b+c=5$ かつ $a+b<c$」となるような(a, b, c)を考えてやればよいので、たとえば$(a, b, c)=(1, 1, 3)$が

ありますね。他は、というと…、これ以外はもうないですね！　たとえば $a=1$，$b=2$ とすると $c=2$ しか取れないので、この時点で $a+b>c$ となってしまいます。ですので、目の出方はたった1通りしかありません。これですべてです…！（意外とあっさり）

分母となる全部の目の出方は、$6\times6\times6=216$ 通りありますので、求める確率は、$\frac{1}{216}$ となります！

では、後半の「得点が8点以下となる」ときを考えていきましょう。8点以下なので、8点以外にも7点、6点…と、それぞれの場合を考えてやることになります。そしてさらに、「$a+b<c$ のとき」と「$a+b\geqq c$ のとき」で得点計算の方法が違ってきますので、それぞれについて考えてやる必要がありますね。すなわち、「$a+b<c$ のとき」で得点が8点以下になる場合をすべて考え、また別に「$a+b\geqq c$ のとき」で得点が8点以下になる場合を考え、（これらが同時に起こることはないので）それらを足してやるのがよいでしょう。

ではまず、「$a+b<c$ のとき」を考えてみましょう。数え方としては、$a+b+c$ の得点ごとに考える方法もひとつありますが、$a+b$ の値を小さいものから考え、それぞれについて考えてやるほうが考えやすいでしょう。たとえば $a=1$，$b=1$ のとき考えられる c は、$2<c$ かつ $2+c\leqq8$ となる c を探せばよく、それには3，4，5，6の4通りがあります。

次に $a=1$，$b=2$ ですが、このとき $3<c$ かつ $3+c\leqq8$ となる c を考えることになります。このような c は4，5の2通りがありますね。そして、$a+b=3$ となる a，b には、$a=1$，$b=2$ 以外にも $a=2$，$b=1$ があるので、2通りです。よってこのパターンは全部で $2\times2=4$ 通りですね。

では次は、$a+b=4$ を考えます。このとき $4<c$ かつ $4+c\leqq8$ を満たす c を探すわけですが、そんな c は存在しないですね。

また、$a+b$ が5以上となる場合も当然存在しません。

以上より、「$a+b<c$ のとき」という条件を満たすのは、$4+4=8$ 通りになります。

ではもうひとつの「$a+b \geqq c$ のとき」を考えましょう。今後は c が $a+b$ 以下なので、c の小さい順から考えていきましょう。

ではまず $c=1$ のときです。このとき、得点は $2(a+b+1)$ であり、これが 8 以下なので $2(a+b+1) \leqq 8$、これより $a+b \leqq 3$ となります。これと $a+b \geqq c\,(=1)$ をともに満たす $(a,\ b)$ の組合せを考えると、

$(a,\ b)=(1,1),(1,2),(2,1)$ の 3 通りありますね（そもそも $a+b \geqq 1$ は必ず成り立つので、実際は考えなくてもよいですね）。

では続いて、$c=2$ のときを考えてみましょう。得点は $2(a+b+2)$ であり、これが 8 以下なので $2(a+b+2) \leqq 8$、これより $a+b \leqq 2$ となります。これと $a+b \geqq c\,(=2)$ をともに満たす $(a,\ b)$ の組合せは $(a,\ b)=(1,1)$ だけですね。つまり 1 通りです。

よって、「$a+b \geqq c$ のとき」という条件を満たすのは、$3+1=4$ 通りとわかります。

全部の目の出方は $6\times6\times6$ 通りなので、求める確率は、

$\dfrac{8+4}{6\times6\times6}=\dfrac{12}{216}=\dfrac{1}{18}$ となります！

答え

得点が 5 点となる確率：$\dfrac{1}{216}$　得点が 8 点以下となる確率：$\dfrac{1}{18}$

振り返り

問題の意図がくみ取れれば、あとはひとつずつ丁寧に数えていくことで、答えまでたどり着くのは意外と難しくないかもしれません。ただいくつかある数え上げ方（絞り方）の中で、どれが最もラクにできるかの選択がひとつのポイントかもしれません。順序立てて、効率よく数え上げていきたいですね。

第29問

得点1，2，……，30が等しい確率で得られるゲームを独立に3回繰り返す。このとき、2回目の得点が1回目の得点以上であり、さらに3回目の得点が2回目の得点以上となる確率を求めよ。

(2007年　京都大学・改)

解法の道しるべ

◆ゲームの仕組み自体に難しいところはないと思います。どんなゲームでもよいですが、たとえば箱に1点から30点までの「くじ」が1枚ずつ入っていて、引いて戻す、というのを3回繰り返す、というケースが一番イメージしやすいかもしれません。このときに、2回目の点数が1回目以上（数学でいう「以上」という言葉は、「同じ、または大きい」という意味ですので、「同じ」場合は含まれます）で、さらに3回目が2回目以上になる確率を求めるわけですね。

◆具体的に考えてみましょう。10→15→25はOKですね。10→20→20もOKです（設問のゲームは「独立に3回繰り返す」とある以上、毎回の得点がそれぞれ等しい確率で得られるので、いったん引いたくじはまた箱に戻しています）。30→30→30もOKです（超強運!!）。一方、20→12→25はNGです。10→25→23も、10→10→6もNGです。ゲームのルールは大丈夫ですね。

◆さて、これをどう考えればよいでしょう？

ポイントのひとつは「以上」の扱い方です。つまり、2回目と1回目、あるいは3回目と2回目が同じでも条件を満たす、ということです。

3回とも同じ得点となる場合の確率は考えやすいですね。では、2回だけ同じ得点となる場合は？　3回とも違う得点の場合は？　それぞれについて考えてみるのがよさそうです。そして、それぞれの確率がわかれば、最後はそれらを足すことで答えが求まりますね。
さあ、では考えてみましょう！

解説 点数の重複が発生する場合を別々に処理

確率が、$\dfrac{\text{注目するケースが起こる場合の数}}{\text{起こり得るすべての場合の数}}$で計算されることを思い出しましょう。「分母」の「起こり得るすべての場合」はすぐわかるでしょう。つまり、1回目のくじの引き方が30通り、2回目も30通り、3回目も30通りなので、起こりうるすべてのパターンは、$30\times30\times30=27000$通りあります。

では、問題の「分子」です。
【解法の道しるべ】で検討したように、次の3つの場合に分けて考えてみるのがよいでしょう。すなわち、
(i) 3回とも同じ得点を引く
(ii) 3回のうち2回が同じ得点で、1回が別の得点（でかつ条件を満たす）
(iii) 3回とも別の得点（でかつ条件を満たす）
です。

では、まず(i)「3回とも同じ得点を引く」を考えてみましょう。
これは考えやすいですね。どの得点のくじを3回引くかで、30通りあります。以上でこのパターンはおしまいです。

次に(ii)「3回のうち2回が同じ得点で、1回が別の得点」です。
これはまず、どの2つの得点が選ばれるか、を決めるところから始めましょう。つまり、30通りある得点のうち、どの2つの得点を選ぶかで、
${}_{30}C_2=\dfrac{30!}{28!2!}=\dfrac{30\times29}{2\times1}=435$通りの選び方があります。
そして、仮に20と25を選んだ場合に、条件を満たすくじの引き方には、

20→20→25 というパターンと、20→25→25 というパターンがあることがわかります。つまり、2 つの得点を選んだそのそれぞれの 2 数について、3 回の得点の引き方が 2 パターンあるというわけですね。

よって、(ii)となる場合、そのくじの引き方は全部で $435\times2=870$ 通りあることがわかります！

では最後(iii)「3 回とも別の得点」となる場合です。1〜30 のうち、どの 3 つの得点が選ばれるかを考えましょう。

それは${}_{30}C_3=\dfrac{30!}{27!3!}=\dfrac{30\times29\times28}{3\times2\times1}=4060$ 通りありますね。

では、仮に 10 と 20 と 30 が選ばれたとしましょう。この場合、条件を満たすようなくじを引く順番はどんなものがあるかというと、「10→20→30」のたった 1 通りしかないですね。当たり前の話です。つまり、30 個の得点から 3 つ選べば、その時点でくじを引く順序はただ 1 通りに決まることになるわけです！

よって、(iii)のときのくじの引き方は 4060 通りとなります。

これで、全部のケースがそろいましたね！　さあ、あとはこれらを足し合わせるだけです。全体は 27000 通りでしたので、求める確率は

$$\frac{30+870+4060}{27000}=\frac{4960}{27000}=\frac{124}{675}$$

となり、これが答えです！

答え

$\dfrac{124}{675}$

振り返り

いかがでしたでしょうか？　どうやって解くか見当がつかなかったとしても、【解説】を見て、「なるほどなー、そうやって考えればいいんだ」と納得してもらえたのではないかと思います。確率は我々の身の周りのいろ

んな場面に適用できるので、何かのときに「確率的な考え方」を発想できると、世の中の見方がちょっと広がって、人生の楽しみがほんのちょっと増えてくるかもしれませんね！

ちなみに、上の答え$\frac{124}{675}$は小数に直すと0.1837…です。3回連続でより以上の得点を獲得するのって、思っているよりずっと難しいんですね…。確かに、一発目に23とかを引いてしまうと、その後が大変そうですもんね。

第30問

1つのさいころをまず2回投げる。2回目に出た目が1回目に出た目より大きければもう1回投げる。そして3回目に出た目が2回目に出た目より大きければ更にもう1回投げる。以後同様に続けて、投げて出た目が直前の回に出た目より大きければもう1回投げ、大きくなければ投げるのをやめる。投げるのをやめるまでに6の目が出る確率を求めよ。

（2017年　弘前大学）

解法の道しるべ

◆1回読んだだけでは、いったい何をいっているのか把握するのが難しいかもしれません。やっていることはなんとなくわかったとしても、「6」が出る確率ってどう考えればいいんだ？　というところで足踏みしてしまうかもしれませんね。この問題を正しく考えるためには、このゲームの仕組みを正確に捉える必要があります。

そのために、いくつかシミュレーションをしてみましょう（やっぱりシミュレーションが大切です！）。

まず、2回さいころを投げますね。その出た目が順に、「2」→「5」だったとしたら、もう1回（3回目を）投げることになります。もし「5」→「2」だったら、この時点でゲーム終了です。そして、この時点で「6」は出ていないので、これは求める確率には入ってきませんね。あるいは、「2」→「2」の場合、2回目の目の数は1回目より「大きくない」ので、ゲーム終了です。そして、「6」は出ていませんね。アウトです。

ここで、1回目か2回目にもし「6」が出たらどうなるんだろう、という発想があればグッドです！　考えてみましょう。もし「6」→「2」だったら？　ゲームは終了しますが「6」が出ていますので、これは求める確率に入ってきますね。「6」→「6」でもゲームはおしまいですが、ちゃんと「6」は出ています。つまりここからわかるのは、1回目に「6」が出れば、

2回目は何が出ようがゲームは終了し、そして、求める条件には合致します。

では、「2」→「6」はどうでしょう？　この場合、ゲームは続きますね。ただよく考えてみると、次に3回目を投げますが、3回目にどんな目が出たとしてもゲームは必ず終了します。それは、3回目に「6よりも大きい数」が出ることは絶対にないからです。そして、3回目でゲームは終わりますが、2回目にちゃんと「6」は出ているので、この場合は条件を満たします。ここでいう「この場合」とは、まとめるとどんな場合でしょう？それは、「1回目に6以外」→「2回目に6」です。これは入ってきます。「1回目に6」はすでに考えているので、ここでは含めません。

さて、次です。次は何を考えましょうか？「1回目と2回目に「6」が出ずに、3回目のゲームを行う」ケースですね。つまり、たとえば「2」→「5」ときた場合です。このとき、3回目に「3」が出ればどうですか？はい、ドボン、ですね。「1」から「5」は全部ドボンです。では3回目に「6」が出たら？　この場合は、ゲームは4回目に続きます。そして先ほどと同じように、4回目に何が出たとしても4回目でゲームは終わり、そして「6」は出ているので条件に合致しますね。

いまは2回目に「5」が出たケースを想定していましたが、もし仮に1回目「2」→2回目「3」だった場合は、仮に3回目に「4」が出れば、まだゲームは続き、その後どこかで「6」が出る可能性は残されています。そして、これがしばらく続くかもしれませんね。

ここまで、このゲームの仕組みをいくつかの具体的な例で見てきました。結構ややこしいですね。そして、最終的には計算で確率を求める必要があります。つまり、式をつくる必要があるわけですが……どうでしょう？式はできそうですか？

以上は、あくまでこのゲームの仕組みを具体的な数で「調べた」だけです。そして、すべてのケースを1個ずつ具体的に数えることが難しい以上、この問題の規則性、肝(きも)、本質など、言葉は何でもいいのですが、「結局どういうことなのか」の部分をつかまなければ、一般性を保った数式として表現することはできないでしょう。

つまり、「具体例」ではなく、それらのケースをすべて含んだ「一般化」された考えが必要になってくるわけです。

この問題はとにかく「6が出る場合の確率」なので、どこかで必ず「6」が出る話をしています。そしたら何を考えるかというと、「何回目に6が出るか」という発想につながっていくでしょう。この「何回目に6が出るか」で考えていきましょう。

(i) 1回目に6が出た場合。これはこの瞬間に「6が出る」ことが確定します（当たり前ですね)。2回目は一応投げますが、2回目に何が出ても条件に合致します。

(ii) 2回目に6が出た場合。この場合も「6」が出ているので、条件に入ってきます。ただ、1回目に「6」が出る場合は(i)ですでに考えているため、重複を避けるためにも、(ii)で考えるのは、「1回目に6ではない目」→「2回目に6」のことです。ちなみに、この場合3回目も投げることになりますが、3回目は何が出ても状況は変わらないので、実質的には2回目で完了です。

(iii) 3回目に6が出た場合。ここでも、1回目か2回目に「6」が出た場合は(i)か(ii)で考えているので、「1回目と2回目に6が出ずに、3回目に6が出る」ことをいっています。さらに、1回目と2回目の数の目の大小を考えると、2回目が1回目より大きくないと3回目はありませんね。したがって、ここで考えるのは、「1回目と2回目が6ではなく、かつ2回目が1回目より大きい」→「3回目で6」となります（これも4回目を投げますが、求めたい確率の計算では無視できます)。

(iv) 4回目に6が出た場合。(iii)と同様に考えます。つまり、「1回目～3回目が6ではない、かつ「1回目の目」＜「2回目の目」＜「3回目の目」」→「4回目で6」です（そして、5回目のさいころの目は無視できます)。

どうでしょう？　これでだいぶ一般化できてきました。これら(i)～(iv)について、それぞれ個別に確率を考えることならなんとかなりそうです。そして当然場合分けは(v)以降も続きます（あれ？　いつまで続くんだ？）。こうして別々に考えた確率を、最後は足してやることで、知りたい確率が求まります（それぞれのケースが条件に当てはまり、またそれぞれが同時に起こることはないので、それらの確率を足してやればOKです）。

【解法の道しるべ】でかなり長く説明してしまいました。ただ、本問はこの問題の読み解きがかなり重要なので、じっくりスペースを割いてきました。

では、お待たせしました！　答えを求めるステップに入っていきましょう！

解説　状況をかみ砕き、一般化の計算に持ち込む

【解法の道しるべ】で相当長めのヒント(笑)を出しましたが、それをもう一度わかりやすくまとめましょう。つまり求める確率は、次の場合のすべての確率（そしてこれらは同時には起こらない）を足してやれば求めることができます。

(i)「1回目に6」→（2回目も投げるが2回目は何でもOK）
(ii)「1回目に6ではない」→「2回目に6」→（3回目は何でもOK）
(iii)「1回目に6ではない」→「2回目が1回目より大きく6ではない」→「3回目に6」→（4回目は何でもOK）
(iv)「1回目～3回目に6ではない、かつ出る目は順番に大きい」→「4回目に6」→（5回目は何でもOK）

ここまでが【解法の道しるべ】で見たところです。では、これは何回目まで考慮する必要があるでしょうか？　目は順に大きくならないといけないので、必ず終わりはあるはずです。

もう少し続けてみましょう。

(v) 「1回目～4回目に6ではない、かつ出る目は順番に大きい」→「5回目に6」→(6回目は何でもOK)

(vi) 「1回目～5回目に6ではない、かつ出る目は順番に大きい」→「6回目に6」→(7回目は何でもOK)

ここでストップ！「1回目～5回目に6ではない、かつ出る目は順番に大きい」とはどういうことでしょうか。そうです。1回目から5回目まで、順番に「1」→「2」→「3」→「4」→「5」と目が出るということそのものをいっていますね！　ですので、これがラストになります！　6ではない数が順番に出るのは、5個までが限界です（当たり前ですね！）。

以上より、全部で6つのパターンがあることがわかりました。ではあとは、それぞれの確率を求めてやれば、答えまでたどり着けますね！

では、まず(i)です。これはシンプルですね。1回サイコロを投げて6が出る確率なので、$\frac{1}{6}$ですね！

続いて(ii)です。これは、「1回目に1から5のどれか」→「2回目で6」なので、その確率は$\frac{5}{6} \times \frac{1}{6} = \frac{5}{36}$です。

では、(iii)はどうでしょう？　1回目と2回目は1から5の数で、かつ2回目が1回目より大きくなる場合です。ここで【第29問】(185ページ)でやったことを思い出しましょう。似ていませんか？　つまり、1から5の数から2個選んでやれば、順番は2回目が1回目より大きくなるように並べることで、1回目と2回目の目の出方が決まることになります（たとえば、1から5の数のうち2と4を選んだとすれば、1回目「2」→2回目「4」でただ1通りに出方が決まるということです)。よって、5個から2個選ぶ選び方である$_5C_2 = \frac{5!}{3!2!} = \frac{5 \times 4}{2 \times 1} = 10$通りの出方があります。

また、1回目と2回目のすべての目の出方（確率の分母）は全部で$6 \times 6 = 36$通りあります。

さらに、(iii)では3回目に「6」が出るので、この確率は、$\frac{10}{36} \times \frac{1}{6} = \frac{5}{108}$となります（また4回目も投げますが、どんな目が出ても確率に影響はないので、無視できましたね)。

では、(iv)に移りましょう。(iii)のやり方がわかれば、あとはやることは同じですね。(iv)の「1回目から3回目までに、1から5の数字が順に大きくなる」ように並ぶ場合の数は、${}_5C_3=\frac{5!}{2!3!}=10$ 通りで、全体の場合の数が $6\times6\times6=216$ 通りです。そして、4回目に「6」が出るので求める確率は、$\frac{10}{216}\times\frac{1}{6}=\frac{5}{648}$ となります。

同様に考えることで、(v)は $\frac{{}_5C_4}{6\times6\times6\times6}\times\frac{1}{6}=\frac{5}{7776}$ となります。また(vi)は、目の出方は「1」→「2」→「3」→「4」→「5」のたった1通りですので、確率は $\frac{1}{6\times6\times6\times6\times6}\times\frac{1}{6}=\frac{1}{46656}$ となります。

これらをすべて足せば答えです！　すなわち、

$$\begin{aligned}&\frac{1}{6}+\frac{5}{36}+\frac{5}{108}+\frac{5}{648}+\frac{5}{7776}+\frac{1}{46656}\\&=\frac{7776+5\times1296+5\times432+5\times72+5\times6+1}{46656}\\&=\frac{16807}{46656}\end{aligned}$$

が（ちょっと大変な数ですが）答えです！

なお、(i)から(vi)の確率の分母をすべて6のべき乗の形のままそろえておくことで最後の通分がしやすくなりますが、ここではわかりやすさを優先するため、あえてそれぞれの段階で計算処理を完了させて、最後に単純に足しています。

答え

$$\frac{16807}{46656}$$

模範解答

何回目に初めて6の目が出るかで「場合分け」を行う。

(i)　**1回目に6の目が出るとき**

2回目に何が出てもその時点で試行は終わる。

この確率は、$\frac{1}{6}$

(ii)　**2回目に初めて6の目が出るとき**

3 回目に必ず試行は終わる。

1 回目には 6 以外の目が出るので、

このときの確率は、$\frac{5}{6}\times\frac{1}{6}=\frac{5}{36}$

(iii) 3 回目に初めて 6 の目が出るとき

1 回目と 2 回目の目の出方は、6 ではない 2 つの目が

小さい順に出ることを考えて

${}_5C_2=\frac{5\times4}{2\times1}=10$ 通り

すべての目の出方は 6^2 通りあるので、

その確率は、$\frac{10}{6^2}=\frac{5}{18}$

その上で、3 回目に 6 が出るので、

このときの確率は、$\frac{5}{18}\times\frac{1}{6}=\frac{5}{108}$

(iv) 4 回目に初めて 6 の目が出るとき

その確率は、(iii)と同様に考えて、

$\frac{{}_5C_3}{6^3}\times\frac{1}{6}=\frac{5\times4}{2\times1}\times\frac{1}{6^4}=\frac{5}{648}$

(v) 5 回目に初めて 6 の目が出るとき

その確率は、同様に考えて

$\frac{{}_5C_4}{6^4}\times\frac{1}{6}=\frac{5}{6^5}=\frac{5}{7776}$

(vi) 6 回目に初めて 6 の目が出るとき

1 回目から 5 回目の目の出方は、1 から 5 まで順に出るので、1 通り。

よって、このときの確率は

$\frac{1}{6^5}\times\frac{1}{6}=\frac{1}{46656}$

以上(i)〜(vi)より、求める確率は

$$\frac{1}{6}+\frac{5}{36}+\frac{5}{108}+\frac{5}{648}+\frac{5}{7776}+\frac{1}{46656}=\frac{16807}{46656}$$

振り返り

問題のルールがわかったとしても、計算で処理して求めるためには、「結局何をいっているのか」という問題の解釈が必要になってきます。「いわれてみれば確かにそうだ」ということを、自分の頭でどこまで考えられる

かが数学の一番の醍醐味かもしれません。でも、今回できなかったとしても、そこは「落ち込む」ところではありませんのでご安心ください！

今回の問題で「面白いな」と思ってもらえたなら、あとはいろいろな「面白い」問題を考えていくことで、自然とそういった思考回路が出来上がっていくはずです。そして、それはあなたの「思考力」として、必ずや様々な場面で発揮されていくはずです！

第31問

A，B，C，D 4 人が 2 人ずつでゲームをする。A が B，C，D に勝つ確率はすべて同じ $\frac{2}{3}$ であり、B，C，D の間では勝つ確率はそれぞれ $\frac{1}{2}$ と仮定する。また引き分けはないものとする。総当たり戦で順位を決めるとき、次の問いに答えよ。

(1) 勝ち数が同じなら同順位とした場合、A が首位になる確率と B が首位になる確率をそれぞれ求めよ。

(2) 勝ち数が同じならさらに抽選により順位を決定する場合、A が首位になる確率と B が首位になる確率をそれぞれ求めよ。

（1997 年　大阪女子大学：現・大阪府立大学・改）

解法の道しるべ

◆2018 年のサッカーワールドカップでは、日本代表は第 1 戦から日本中を湧かせてくれましたが、まさにワールドカップの 1 次リーグが思い浮かぶような問題です（実際の問題の設定は、「チーム」ではなく「人」ですが、解説ではチーム戦として考えていくことにします）。1 チーム（A）だけ実力が頭一つ抜きんでていて、他の 3 チームは横一線、というグループですね。このグループを、A が順当に 1 位通過する確率と、番狂わせで B が 1 位通過する確率をそれぞれ求める問題です。

ただサッカーのワールドカップとは違い、引き分けはなく、また「勝ち点」のようなシステムもありません。単純に○勝○敗、で順位が決まります。

◆(1)は、勝ち数が同じなら同順位なので、「複数のチームが首位になる」こともあり得るということでしょう。首位のチームが何チームあるか、そして首位のチームが何勝何敗で、そのほかのチームはそれぞれ何勝何敗で総当たり戦を終えるか、でそれぞれの場合を検討していくことになるはずです。

◆(2)は、勝ち数が並んだ場合、抽選によって順位が決まります。ですので、2チームがある勝ち数で1位に並んだ場合、その後の順位は抽選で決まるので、首位になるためには、さらにそこから$\frac{1}{2}$をかけることになります。もし3チームが勝ち数で並ぶことがあるなら、その後の抽選で首位になる確率は$\frac{1}{3}$ですね。

解説　勝敗のパターンを細かく判断。根気強く！

(1)

では、Aが首位になる場合を考えてみましょう。

まず、Aがぶっちぎりで3連勝すれば、文句なく首位ですね（他のチームは必ずAに負けるので、A以外のチームが3勝することはあり得ません）。

この場合の確率はAが3回勝つので、$\left(\frac{2}{3}\right)^3=\frac{8}{27}$（……①）ですね。そして、この確率は、他のB，C，Dの勝敗結果がどうであろうが変わることはありませんね。

では続いて、Aが2勝1敗で首位になる場合を考えてみましょう。このとき、A以外の3つのチームの勝敗には、どんなパターンが考えられるでしょうか？

ここでひとつ、全体を捉えてみましょう。

まず、試合は全部で何試合行われるでしょうか？　これは、4チームから2チーム選ぶことで1つ試合が行われるので、試合数は結局、4チームから2チームを選ぶ選び方と一致するはずです。つまり、${}_4C_2=\frac{4!}{2!2!}=6$試合行われることがわかります（サッカー・ワールドカップの1次リーグも6試合行われますよね！）。

では次です。4チームの勝ち数の合計と、負け数の合計はそれぞれいくつでしょう？　いま引き分けは考えないので、試合が1試合行われるごとに、勝ち数が1、そして負け数が1増えるはずです。考えてみれば当たり前ですよね。ですので、全部で6試合行われることから、4チームの勝ち数の合計と負け数の合計は、それぞれ6になるはずです。

少しずつ見えてきたでしょうか。いまAが2勝1敗するケースを考えていましたので、残り3チームの勝ち数の合計は、6－2＝4になっているはずです。そして、Aが首位なので、それ以外のいずれかのチームが3勝してはマズいですね。そうすると、A以外の3チームの勝ち数の合計が4であることから、残り3チームの勝ち数にはどんな場合が考えられるかというと、(i)「2チームが2勝、残り1チームが0勝」か(ii)「1チームが2勝、残り2チームが1勝」のどちらかになるはずですね。

では、それぞれのケースは実際に起こり得るのでしょうか？　まず(i)はどうかというと、たとえばA（2－1），B（2－1），C（2－1），D（0－3）という状況が本当に発生するかどうか、を考えて検討してみましょう（なお（　）の中の数字は、それぞれ（勝ち数－負け数）を表しています)。ここで、テレビのスポーツニュースなどでもよく見る総当たり表をつくって確かめてみましょう。

右の表は、「AはB，Dに勝ち、Cに負け。BはC，Dに勝ち、Aに負け。CはA，Dに勝ち、Bに負け。Dは全敗。」ということを表しています。ここから、この状況が実際に起こり得ることがわかるでしょう。

	A	B	C	D
A		○	×	○
B	×		○	○
C	○	×		○
D	×	×	×	

では、この状況が発生する確率を考えてみましょう。それぞれの試合の結果が起こる確率は

$$A○－B×：\frac{2}{3}\quad A×－C○：\frac{1}{3}\quad A○－D×：\frac{2}{3}$$
$$B○－C×：\frac{1}{2}\quad B○－D×：\frac{1}{2}\quad C○－D×：\frac{1}{2}$$

なので、総当たり表の星取がこのようになる確率は、これらが全部同時に起こるので、

$$\frac{2}{3}\times\frac{1}{3}\times\frac{2}{3}\times\frac{1}{2}\times\frac{1}{2}\times\frac{1}{2}=\frac{1}{54}$$

となります。

さらに、このような「2チームが2勝、残り1チームが0勝」となる場合が何パターンあるかというと、Dが全敗するときにAがBとCのどちらに勝つかで2通り（それぞれでBとCの勝敗の並びはただ1通りに決まります）、そしてA以外のどのチームが全敗するかで3通りあります。

以上より、(i)「2チームが2勝、残り1チームが0勝」となる確率は

$$\frac{1}{54}\times(2\times3)=\frac{1}{9} \quad \cdots\cdots②$$

となります！

では、続いて(ii)です。Aが2勝1敗のもとで、「あと1チームが2勝、残り2チームが1勝」を考えてみましょう。同じように総当たり表をつくってみると、Bが2勝した場合、たとえば図㋐のようなケースが想定できます。

図㋐

	A	B	C	D	
A		○$\frac{2}{3}$	○$\frac{2}{3}$	×$\frac{1}{3}$	1位
B	×		○$\frac{1}{2}$	○$\frac{1}{2}$	2位
C	×	×		○$\frac{1}{2}$	3位
D	○	×	×		4位

総当たり表がこのようになる確率は、先ほどと同じように考えて、

$$\frac{2}{3}\times\frac{2}{3}\times\frac{1}{3}\times\frac{1}{2}\times\frac{1}{2}\times\frac{1}{2}=\frac{1}{54}$$

となります。では次に、「1チームが2勝、残り2チームが1勝」となる組合せが何パターンあるかを考えてみましょう。

まず、「AがBとCに勝ち、Dに負ける」を固定して考えてみます。このとき、A以外にもう1チーム2勝するチームがありますが、それをBにしてみましょう。BはAに負けていますので、残りのCとDには勝つことになります。また、CはB以外にAにも負けていますので、Cが1勝するためにはDには勝たないといけません。そしてDはAに勝ち、BとCに負けますので、図㋐の総当たり表が確定します。つまり、1通りです。

次に、2勝したのがA以外にCだった場合も、まったく同じことがいえるので、この場合の総当たりの勝敗パターンは1通りになります。

では、2勝したのがA以外にDだったときはどうでしょう？　DはAに勝っているので、BかCのどちらかに負けることになります。図㋑のようにDがBに負ければ（BがDに勝てば）、Bは1勝しかできないので、Cに負ける（CがBに勝つ）ことが決まります。また、図㋒のようにDがCに負けた（CがDに勝った）場合は、CはBに負ける（BがCに勝つ）ことになります。つまり、Dが2勝したときは、右に示した図㋑㋒のような2通りのパターンがあります。

図㋑

	A	B	C	D	
A		○$\frac{2}{3}$	○$\frac{2}{3}$	×$\frac{1}{3}$	1位
B	×		×$\frac{1}{2}$	○$\frac{1}{2}$	2位
C	×	○		×$\frac{1}{2}$	3位
D	○	×	○		4位

図㋒

	A	B	C	D	
A		○$\frac{2}{3}$	○$\frac{2}{3}$	×$\frac{1}{3}$	1位
B	×		○$\frac{1}{2}$	×$\frac{1}{2}$	2位
C	×	×		○$\frac{1}{2}$	3位
D	○	○	×		4位

以上より、「AがBとCに勝ち、Dに負ける」場合、B，C，Dの勝敗パターンは全部で1＋1＋2＝4通りあることがわかります。そして、Aの1敗は、D以外のBかCの場合も同じように考えられるので、(ii)「1チームが2勝、残りチームが1勝」の総当たり表のパターンは、全部で4×3＝12通りあることになります。

よって、(ii)となる確率は、$\frac{1}{54}\times 12=\frac{2}{9}$（……③）となります。

またAが1勝の場合は、B，C，Dのうち少なくとも1チームは2勝以上するので、Aが首位になることはないですね。

以上より、Aが首位になる確率は、Aが3連勝のとき①より$\frac{8}{27}$、Aが2勝1敗では②と③より$\frac{1}{9}+\frac{2}{9}$なので、

$$\frac{8}{27}+\frac{1}{9}+\frac{2}{9}=\frac{17}{27}$$

が答えになります！（ふう、結構大変でしたね…）。

では、続いて息つくひまもなく、Bが首位になる確率に移りましょう！

まず、Bが3連勝する場合、BがAに勝つ確率が$\frac{1}{3}$であることに注意

して、

$$\frac{1}{3}\times\left(\frac{1}{2}\right)^2=\frac{1}{12} \quad \cdots\cdots④$$

ですね。

続いてBが2勝で首位になるときを考えます。B以外のチームの勝敗のパターンは先ほどと同じ、(i)「2チームが2勝、残り1チームが0勝」か(ii)「1チームが2勝、残り2チームが1勝」のどちらかです。

では、まず(i)から見ていきましょう。ここで、Aは他のチームに比べ強豪なので、Aだけ勝敗が決まる確率が変わってきます。ですので、3連敗するチームが、C, Dなのか、Aなのかによって、確率の計算式が変わってくることに注意しましょう。

Aが全敗の場合、総当たり表はたとえば右図㋐のようになります。ここでは、BがA以外にCに勝つかDに勝つかで2通りのパターン（そのそれぞれについて、CとDの勝敗はただ1通りに決まります）が考えられます。よってこの確率は、

$$\left(\frac{1}{3}\times\frac{1}{3}\times\frac{1}{3}\times\frac{1}{2}\times\frac{1}{2}\times\frac{1}{2}\right)\times 2=\frac{1}{108}$$

となります。

図㋐

	A	B	C	D	
A		×$\frac{1}{3}$	×$\frac{1}{3}$	×$\frac{1}{3}$	4位
B	○		○$\frac{1}{2}$	×$\frac{1}{2}$	1位
C	○	×		○$\frac{1}{2}$	1位
D	○	○	×		1位

続いて、CかDが全敗するケースです。

たとえばDが全敗した場合、BはDには勝つので、残りのBの1勝をAから勝つかCから勝つかになります。

BがAに勝った場合、総当たり表は右図㋑のようになり、AとC

図㋑

	A	B	C	D	
A		×$\frac{1}{3}$	○$\frac{2}{3}$	○$\frac{2}{3}$	1位
B	○		×$\frac{1}{2}$	○$\frac{1}{2}$	1位
C	×	○		○$\frac{1}{2}$	1位
D	×	×	×		4位

の勝敗のパターンはただ１通りに決まります。また、ＢがＣに勝った場合、総当たり表は右図㋒のようになり、この場合もＡとＣの勝敗パターンはただ１通りに決まります。

よってＤが全敗した場合の確率は、

図㋒

＼	A	B	C	D	
A	＼	○ $\frac{2}{3}$	× $\frac{1}{3}$	○ $\frac{2}{3}$	1位
B	×	＼	○ $\frac{1}{2}$	○ $\frac{1}{2}$	1位
C	○	×	＼	○ $\frac{1}{2}$	1位
D	×	×	×	＼	4位

$$\left(\frac{1}{3}\times\frac{2}{3}\times\frac{2}{3}\times\frac{1}{2}\times\frac{1}{2}\times\frac{1}{2}\right)+\left(\frac{2}{3}\times\frac{1}{3}\times\frac{2}{3}\times\frac{1}{2}\times\frac{1}{2}\times\frac{1}{2}\right)=\frac{1}{27}$$

また、Ｃが全敗した場合も同じように考えられるので、その確率も$\frac{1}{27}$となります。

以上より(i)「２チームが２勝、残り１チームが０勝」のときの確率は、

$$\frac{1}{108}+\frac{1}{27}+\frac{1}{27}=\frac{1+4+4}{108}=\frac{1}{12} \quad \cdots\cdots⑤$$

となることがわかります。

では、(ii)に移りましょう。Ｂが２勝１敗のもと、「ほかの１チームが２勝、残り２チームが１勝」を考えます。ここでも、Ａが２勝するか、Ａ以外（ＣかＤ）が２勝するかで分けて考えることになります。

Ａが２勝する場合、（ア）ＢがＡに勝つか、（イ）ＢがＡに負けるかで状況は変わりそうです。そちらでも場合分けしてみましょう。

まず、（ア）ＢがＡに勝つ場合、ＡはＢに負けるのでＡは２勝するために、ＣとＤには勝利することになります。ＢはＡに勝っているので、もう１勝はＣに勝つかＤに勝つかですが、たとえばＣに勝った（Ｄに負けた）場合、総当たり表は図㋓のようになります。ＣはＡとＢには負けるので、Ｄには勝つことになります。またＢはＤに負けるので、ＤはＢに勝っています。

図㋓

＼	A	B	C	D	
A	＼	× $\frac{1}{3}$	○ $\frac{2}{3}$	○ $\frac{2}{3}$	1位
B	○	＼	○ $\frac{1}{2}$	× $\frac{1}{2}$	1位
C	×	×	＼	○ $\frac{1}{2}$	3位
D	×	○	×	＼	4位

そして、ＢがＤに勝った場合も同じことがいえるので、確率は、

$$\left(\frac{1}{3}\times\frac{2}{3}\times\frac{2}{3}\times\frac{1}{2}\times\frac{1}{2}\times\frac{1}{2}\right)\times 2=\frac{1}{27}$$

となります。

では次に、(イ)「Aが2勝し、BがAに負ける」場合です。この時点で、BはCとDに勝ち、AはCかDのどちらかに負けどちらかに勝つことになります。AがCに勝った場合、AはDに負けます。このとき、CはAとBに負けDに勝ち、DはAに勝ちBとCに負けることになります（図㋔の総当たり表になります）。

図㋔

	A	B	C	D	
A		○$\frac{2}{3}$	○$\frac{2}{3}$	×$\frac{1}{3}$	1位
B	×		○$\frac{1}{2}$	○$\frac{1}{2}$	1位
C	×	×		○$\frac{1}{2}$	3位
D	○	×	×		3位

AがDに勝った場合も同じことがいえるので、この場合の確率は、

$$\left(\frac{2}{3}\times\frac{2}{3}\times\frac{1}{3}\times\frac{1}{2}\times\frac{1}{2}\times\frac{1}{2}\right)\times 2=\frac{1}{27}$$

となります。

以上より、B以外にAが2勝するときの確率は、

$$\frac{1}{27}+\frac{1}{27}=\frac{2}{27} \qquad \cdots\cdots⑥$$

となります。

続いて、B以外に2勝するのが、Cである場合を考えてみましょう。

こちらでも、(ウ) BがCに勝つ（CがBに負ける）場合と、(エ) BがCに負ける（CがBに勝つ）場合で分けて考えることになるでしょう。

まず（ウ）BがCに勝つ場合、CはBに負けるので、2勝するCは、AとDには勝つことになります。

また、BはAかDに負けますが、もしAに負けた場合、総当たり表は右図㋙のようになります。A（1勝2敗）はBに勝ったことでCとDに負けることが確定し、このときDはAに1勝し、BとCに負けることになります。つまり1通りに決まります。

図㋙

	A	B	C	D	
A		○	×	×	3位
B	×		○	○	1位
C	○	×		○	1位
D	○	×	×		3位

また、BがDに負けた場合、総当たり表は次頁図㋛のようになります。

BはAとCに勝ち、C（2勝1敗）はBに負けるのでAとDに勝ちます。またDはBに勝っているので、AとCに負け、AはBとCに負けDに勝つことになります。よって、こちらも1通りに決まることになります。

図㋚

	A	B	C	D	
A		×	×	○	3位
B	○		○	×	1位
C	○	×		○	1位
D	×	○	×		3位

以上より、（ウ）「BとCが2勝し、BがCに勝つ」ときの確率は、

$$\left(\frac{2}{3}\times\frac{1}{3}\times\frac{1}{3}\times\frac{1}{2}\times\frac{1}{2}\times\frac{1}{2}\right)\times 2=\frac{1}{54}$$

となります。

次に、BとCが2勝し、かつ（エ）BがCに負けた場合、2勝するBはAとDに勝利することになります。2勝するCはB以外にAかDに勝利しますが、Aに勝利した場合（図㋛の総当たり表）、CはDに負けるので、D（1勝2敗）はCに勝ちAとBに負けることになります。またこのとき、AはDに勝ちBとCに負けることになります。よって、1通りに決まります。

図㋛

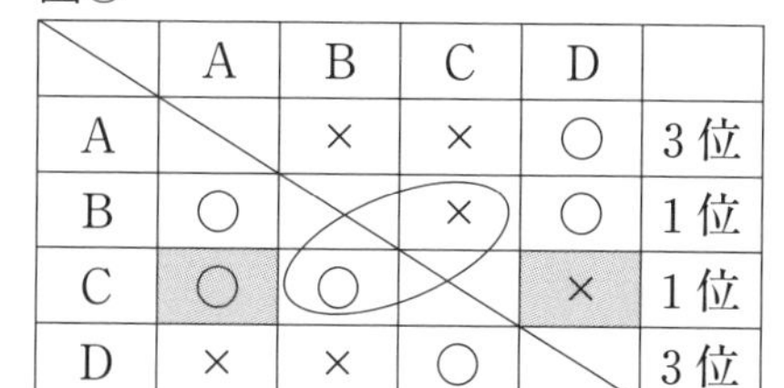

	A	B	C	D	
A		×	×	○	3位
B	○		×	○	1位
C	○	○		×	1位
D	×	×	○		3位

次に、2勝するCがB以外にDに勝利した場合、Aに負けます（図㋜の総当たり表）。つまりA（1勝2敗）はCに勝ちBとDに負けることになります。よって、DはAに勝ってBとCに負けることになり、これも1通りに決まることになります。

図㋜

	A	B	C	D	
A		×	○	×	3位
B	○		×	○	1位
C	×	○		○	1位
D	○	×	×		3位

これらより、（エ）「BとCが2勝し、CがBに勝つ」確率も、

$$\left(\frac{2}{3}\times\frac{1}{3}\times\frac{1}{3}\times\frac{1}{2}\times\frac{1}{2}\times\frac{1}{2}\right)\times 2=\frac{1}{54}$$

となります。

よって（ウ）（エ）より、B以外に2勝するのがCであるとき、その確率は$\frac{1}{54}+\frac{1}{54}=\frac{2}{54}=\frac{1}{27}$であることがわかります。

また、B以外にDが2勝する場合もCと状況はまったく同じなので、B以外にCかDが2勝する確率は、

$$\left(\frac{1}{27}\right)\times 2=\frac{2}{27} \qquad \cdots\cdots⑦$$

となります。

よって、Bが2勝のとき、(ii)「1チームが2勝、残り2チームが1勝」となる確率は⑥と⑦より、

$$\frac{2}{27}+\frac{2}{27}=\frac{4}{27} \qquad \cdots\cdots⑧$$

となることがわかります！

よって、Bが2勝で首位になる確率は(i)と(ii)、すなわち⑤と⑧より

$$\frac{1}{12}+\frac{4}{27}=\frac{9+16}{108}=\frac{25}{108}$$

よってこれとBが3連勝する確率（④）を合わせて、求める確率は

$$\frac{1}{12}+\frac{25}{108}=\frac{9+25}{108}=\frac{34}{108}=\frac{17}{54}$$

となります！（ふうー……かなり長い道のりでした）。

(2)

ここでは、同じ勝ち数で首位に並んだ場合に、最終的な首位を抽選で決めることになります。そして、【解法の道しるべ】でも触れたとおり、同じ勝ち数で何チームが並ぶのかによって、抽選で勝つ確率が変わってきます。

すなわち、1チームだけの場合はそのまま自動的に首位、2チームが首位に並べば、そこから首位になる確率はさらに$\frac{1}{2}$、3チームが並んだ場合はそこからさらに$\frac{1}{3}$という確率をかけてやることになります。

まず、Aが首位になるケースを考えましょう。(1)で考えたように、首位で並ぶチーム数はAが3連勝の場合は1チーム、Aが2勝の場合は、2チームか3チームでした。

そして、(1)よりそれぞれの確率は以下となりました。

A1チームだけが首位　　$\frac{8}{27}$　　（①より）

Aを含む2チームが首位　$\frac{2}{9}$　(③より)

Aを含む3チームが首位　$\frac{1}{9}$　(②より)

よって、Aが抽選を含めて首位になる確率は、

$$\frac{8}{27}+\frac{2}{9}\times\frac{1}{2}+\frac{1}{9}\times\frac{1}{3}=\frac{16+6+2}{54}=\frac{24}{54}=\frac{4}{9}$$

となります！

では、続いて同様にBが首位になる確率を考えてみましょう。⑴より

Bの1チームだけが首位　$\frac{1}{12}$　(④より)

Bを含む2チームが首位　$\frac{4}{27}$　(⑧より)

Bを含む3チームが首位　$\frac{1}{12}$　(⑤より)

でしたので、Bが抽選を含めて首位になる確率は、

$$\frac{1}{12}+\frac{4}{27}\times\frac{1}{2}+\frac{1}{12}\times\frac{1}{3}=\frac{9+8+3}{108}=\frac{20}{108}=\frac{5}{27}$$

が答えとなります！

答え

⑴　Aが首位になる確率：$\frac{17}{27}$　Bが首位になる確率：$\frac{17}{54}$

⑵　Aが首位になる確率：$\frac{4}{9}$　Bが首位になる確率：$\frac{5}{27}$

振り返り

問題を見た瞬間は、一見考えやすそうに感じたかもしれません。ところがいざきちんと考えようとすると、かなり複雑な処理をしないといけないことがわかり、途方に暮れたかもしれませんね。特に判断が難しいのは、どこまでが「別のケース」として考えないといけなくて、どこまでが「同じケース」としてかけ算で処理できるのかの判別だと思います。

かなり神経を使いますが、「頭の体操」としては格好の問題だと思います。今後、日常の中でスポーツの結果を予測するときに、このような確率の計算処理ができると、また違った角度でスポーツを楽しめるかもしれませんね！

第32問

右の図のように区切られた6つの個室に、客が次のように順次入っていくものとする。

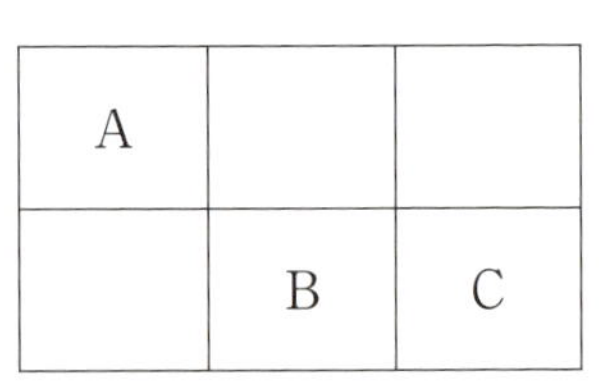

(1) 1人目の客が各部屋に入る確率はすべて等しい。

(2) 2人目以降の客は先客のいない部屋に入り、各部屋に入る確率は先客がいる最も近い部屋との間の壁の数に比例する。ただし、たとえば、右の図のA室とB室の間の壁の数は2、A室とC室の間の壁の数は3である。

4人目の客が来たとき、先客の3人が全員横1列に並んだ部屋に入っている確率を求めよ。

(2009年　信州大学)

解法の道しるべ

◆この問題ではまず、客の入り方とその確率のルールを正しく把握する必要があります。

1人目はどこに入ってもその確率は同じなので、それぞれ$\frac{1}{6}$になるのは問題ないと思います。大事なのはその先からの考え方ですね。

もし仮に1人目が、右図の①に入ったとしましょう。

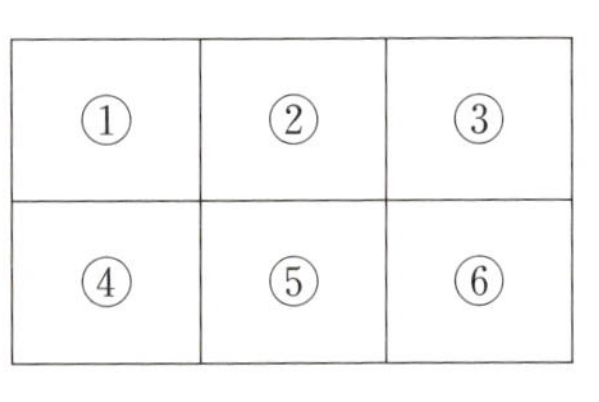

すると、「各部屋に入る確率は、先客がいる最も近い部屋との間の壁の数に比例する」ので(つまり、「他の客と近い部屋はイヤで、なるべくそこから離れた部屋に入りたがる」ということですね)、「②か④に入る確率」：「③か⑤に入る確率」：「⑥に入る確率」=1：2：3となることがわかります。そして、②～⑥に入るすべての確率を足すと1になることから、それぞれの確率が求まります。

一方、もし仮に1人目が、図の②に入ったとしましょう。するとおわかりのとおり、それぞれの部屋に入る確率は変わってきますね。つまり、①・③・⑤はすべて隣り合っているので、これらに入る確率は同じです。そして、④と⑥が同じですね。そして、その確率の比は、②からそれぞれの部屋までの壁の数を考えることで、「①か③か⑤に入る確率」：「④や⑥に入る確率」=1：2となります。

◆今回求める確率は、「4人目の客が来たときに、先客の3人がすでに横1列に並んでいる」確率ですが、やや回りくどい表現ですね。もっとわかりやすくいうと、「最初の3人が横1列に並ぶ」確率のことです。ということは、最終的に入っている部屋は、「①、②、③」か、「④、⑤、⑥」のどちらかということですね。そして、先に見たように、最初に①に入るか②に入るかで状況が変わってきますので…。

さあ、ではヒントはこのくらいにして…、考えてみましょう！

解説 問題の設定を正確に捉え、状況を丁寧にたどる

【解法の道しるべ】で見たように、1人目が①に入るか②に入るかでその後の確率は変わってきます。そして、1人目が①に入るパターンと、1人目が③か④か⑥に入るパターンはまったく同じなので（4つとも角部屋です）、1人目が①に入って最終的に横1列になる確率を求めれば、あとは4倍することでこのパターンの確率がすべて計算できることになります。また同じように、1人目が②に入るのと⑤に入るのは状況が同じなので、1人目が②に入って最終的に1列になる確率がわかれば、2倍することでこのパターンの確率がすべて求まります。

①	②	③
④	⑤	⑥

では、まず1人目が①に入るケースを考えてみましょう。

確率を計算する前に、先にこの後の客の入り方を考えると、3人で横1列になるので、①→

②→③か、①→③→②の２つのパターンしかありませんね。あとは、それぞれの確率を考えてやれば、先は見えてきそうです。

では、１人目が①のとき、２人目が入る部屋によって確率がどうなるのかを見ていきましょう。【解法の道しるべ】で見たとおり、問題の設定より、「②か④に入る確率」：「③か⑤に入る確率」：「⑥に入る確率」＝1：2：3になります。そして、２人目は必ずどこかの部屋を選んで入るので、それぞれの部屋に入る確率をすべて足すと１になるはずです。そこで、「②に入る確率」をp_1とすると、「④に入る確率」＝p_1、「③に入る確率」＝「⑤に入る確率」＝$2p_1$、「⑥に入る確率」＝$3p_1$と表すことができます。そしてそれらの確率を足すと１となるので、$p_1 \times 2 + 2p_1 \times 2 + 3p_1 = 1$が成り立ち、ここから$p_1 = \frac{1}{9}$が求まります。つまり、「②に入る確率」＝$\frac{1}{9}$で、「③に入る確率」＝$\frac{2}{9}$ということですね！

↓①客	②p_1	③$2p_1$
④p_1	⑤$2p_1$	⑥$3p_1$

$p_1 = \frac{1}{9}$

では、３人目を考えてみましょう。①→②と入った場合、③・④・⑤はすぐ隣に人がいて、⑥はひと部屋クッションがありますね。よって、「③に入る確率」をp_2とした場合、「④に入る確率」＝「⑤に入る確率」＝p_2で、「⑥に入る確率」＝$2p_2$となります。そして、これらを足して１なので、$p_2 \times 3 + 2p_2 = 1$となり、これを計算し$p_2 = \frac{1}{5}$が求まります。つまり、「①と②に客がいる」状況から「③に入る確率」は$\frac{1}{5}$となります。

①客	↓②客	③p_2
④p_2	⑤p_2	⑥$2p_2$

$p_2 = \frac{1}{5}$

では次に、①→③と入ったケースです。この場合、②と④と⑥はすぐ隣に人がいて、⑤だけワンクッションあるので、いま見たのと状況としては同じですね！　ですので、①と③に客がいる状況で３人目が②に入る確率は$\frac{1}{5}$となるはずです。

ここでいったんまとめておきましょう。つまり、いま①→②→③と、①→③→②の場合を考えて、それぞれの順で人が入る確率がわかりました。

そしてこれらは連続して起こるので、それぞれの確率をかけてやればよいことになります。すなわち、

①→②→③の確率は、$\frac{1}{6}\times\frac{1}{9}\times\frac{1}{5}$　①→③→②の確率は、$\frac{1}{6}\times\frac{2}{9}\times\frac{1}{5}$

となります（1人目が①に入る確率は$\frac{1}{6}$ですね）。

よって、1人目が①に入るとき、最初の3人が横1列に並ぶ確率はこの2通りを足せばよく、また1人目が③か④か⑥に入るケースもまったく同じように計算できるので、4をかけてやることでまとめて計算できます。以上より、「1人目が①か③か④か⑥に入り、3人で横1列に並ぶ確率」は、

$$\left(\frac{1}{6}\times\frac{1}{9}\times\frac{1}{5}+\frac{1}{6}\times\frac{2}{9}\times\frac{1}{5}\right)\times 4=\frac{3\times 4}{6\times 9\times 5}=\frac{2}{45}$$

となります！

では次です。次は、「1人目が②に入る」場合を考えます。この先は、やることはこれまでとほとんど変わらないので、重複するところはやや手短かに説明していきたいと思います。

①p_3	②客	③p_3
④2 p_3	⑤p_3	⑥2 p_3

$p_3=\frac{1}{7}$

「1人目が②に入る」とき、最終的に1列に並ぶための順番は、②→①→③と②→③→①の2通りありますが、これは左右対称になりますので、片方を計算し2倍することでまとめることができます。

「1人目が②に入る」とき、2人目が「①に入る確率」をp_3とすると、「①か③か⑤に入る確率」:「④か⑥に入る確率」＝1：2なので、

$p_3\times 3+2p_3\times 2=1$が成り立ちます。よってここから、$p_3=\frac{1}{7}$がわかります。

では最後です。②→①と入った状態で、「③か④か⑤に入る確率」：「⑥に入る確率」＝1：2なので、これは先ほどp_2のところでやったのと同じ計算になるため、「③に入る確率」＝$\frac{1}{5}$になります。

以上より、1人目が②に入り最初の3人が横1列に並ぶ確率は、

$\left(\frac{1}{6}\times\frac{1}{7}\times\frac{1}{5}\right)\times 2$となり（ここでの×2は左右の対称性によるものです）、そして、1人目が⑤に入る場合もまったく同じことなので、結局「1人目が②か⑤に入り、3人で横1列に並ぶ確率」は、

$$\left\{\left(\frac{1}{6}\times\frac{1}{7}\times\frac{1}{5}\right)\times 2\right\}\times 2=\frac{2}{105}$$

さあ！　いよいよフィニッシュです！

これら「1人目が①か③か④か⑥に入り、3人で横1列に並ぶ確率」と「1人目が②か⑤に入り、3人で横1列に並ぶ確率」を足すことで、求める確率は、

$$\frac{2}{45}+\frac{2}{105}=\frac{14+6}{315}=\frac{20}{315}=\frac{4}{63}$$

が答えです！

答え

$$\frac{4}{63}$$

振り返り

なかなか面白い設定の問題でしたね！

ただシンプルそうに見えて、ひとつひとつの処理は結構細かいところまで神経を使わなければいけないので、なかなか手こずったかもしれません。数学は時にこういった地道なステップを丁寧にたどらないといけないことがありますが、この作業もある意味数学の醍醐味のひとつといってよいでしょう。この問題から、そんな数学の面白さを感じ取ってもらえたらと思います！

第33問

下図のように、3行3列に並んだ9個のマス目に1から9までの数字が書かれた盤面と、1から9までのそれぞれの数字が書かれたカードを1枚ずつ、および黒石5個と白石4個を用意する。B君とW君が、次の規則に従ってゲームを行う。

1	2	3
4	5	6
7	8	9

1　2　3　4　5　6　7　8　9

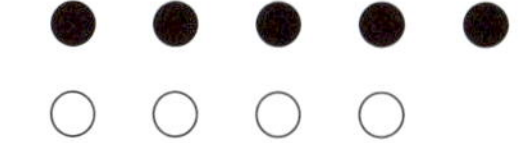

- B君から始めて交互にカードを1枚ずつ無作為に引く。ただし、引いたカードは戻さない。
- カードを引くごとに、引いたカードの数字が書かれたマス目に、B君は黒石を、W君は白石を置く。
- 先に縦、横、斜めのいずれかの方向に3個並べたほうを勝ちとし、その時点でゲーム終了とする。

このとき、次の問いに答えよ。

(1) B君が3個目の黒石を置いた時点でB君の勝ちが決まる確率を求めよ。

(2) W君が3個目の白石を置いた時点でW君の勝ちが決まる確率を求めよ。

(2006年　大阪市立大学)

解法の道しるべ

◆カードを引き、その数字の場所に、B 君が黒色、W 君が白色の石を置いて、縦、横、斜めのいずれかの方向に先に 3 個並べたほうが勝ち、というルール、我々がよく知る五目並べやビンゴゲームのような問題ですね！

ルール自体は難しくないと思いますが、いざ勝つ確率を計算で求めようとすると、考慮しないといけないことがいろいろとありそうな、厄介な問題の香りがしてきます…。

◆(1)は、B 君が 3 個目の黒石を置いた時点で勝つ確率です。縦、横、斜めどの列でも 3 個並べば勝ちなので、無駄なく 3 個を 1 列に並べることになるわけですが、相手の W 君（白）が、B 君が勝ちで並べたい列の数字を引くとまずいですね。ですので、B 君が 3 個目の黒で勝つために、B 君が引くカードの数字と並行して、W 君がどのカードを引くか（白石がどこに置かれるか）を同時に考慮しないといけないことがわかります。

たとえば、B 君（黒）が、1－2－3 に並べて勝ったとしましょう。その間に、W 君は白石を 2 個置くことになるわけですが、それは、1－2－3 以外の場所に置かないといけないということですね。

◆(2)は、今度は白が勝つ確率です。白が 3 個で 1 列に並ぶことを考えるのはもちろんですが、白の 3 個目の前に黒は 3 個目の石を置いており、その黒 3 個は 1 列に並んではマズいですね（そうすると黒が勝ってしまいます)。また、白が置きたい場所に黒が入ってもマズいです。ですので、白の 3 個がどうなるかということとともに、黒の 3 個がどうなるかも考慮してやらないといけません。

解説　普段なじみのあるゲームを確率で考える

(1)

ではまず、B 君が 3 個目の黒石で勝つ確率を考えます。

確率の計算式：$\frac{\text{注目するケースが起こる場合の数}}{\text{起こり得るすべての場合の数}}$のうち、まず分母の「起こり得るすべての場合の数」を考えてみましょう。カードは順に、黒→白→黒→白→黒と引いていき、また引いたカードは元に戻さないので、両者のカードの引き方（石の置き方）は全部で、9×8×7×6×5＝15120通りあることがわかります。これが全体の分母ですね。

では、分子「注目するケースが起こる場合の数」を考えていきましょう。

たとえば【解法の道しるべ】でみた、黒が1－2－3で勝つ場合を考えてみます。これはつまり、黒が引く3枚のカードで、1と2と3である場合が何通りあるかを考えることになります。これは、1回目に「1か2か3のどれか」で3通り、黒の2回目に「1，2，3のうち1回目に引いていない2枚のカードのどちらを引くか」で2通り、そして、黒の3枚目は残る1通りです。つまり、黒が1－2－3で並ぶときのB君のカードを引き方は全部で3×2×1＝6通りあることがわかります。

B君が3回カードを引く間にW君は2回カードを引きます。【解法の道しるべ】で見たように、W君の白は、1，2，3のマスに置かれることはないので、白が置ける場所は、残りの6箇所です。そして、W君は2個の石で勝つことはないので、その2個の白は残りの4から9の場所のどこに置いても構いません。すると、1回目の白のカードの引き方が4から9の6通り、2回目の白の引き方が残りの5枚のカードのどれかで5通りです。よって、W君（白）の引き方は全部で6×5＝30通りあることになります。

黒のそれぞれの場合について、白の引き方が30通りあるため、黒が1－2－3と1列に並んで勝つような黒と白の引き方は全部で、
6×30＝180通りあることがわかります。

さあ、仕上げです！　いま、黒が1－2－3の1列に並ぶ場合を考えましたが、それ以外にも黒が勝つ並び方はありますね。では、それらは全部で何パターンあるでしょう？　横に1列が3パターン、縦に1列が3パターン、そして斜めに1列は2パターンですね。つまり、全部で黒の並び方は

3+3+2=8通りあることがわかります。そして、黒が1列に並ぶパターンそれぞれに対し、2個の白は黒が入る3個以外の場所に入ることになるので、先ほどと同じ考え方になりますね。つまり、黒が1列になるパターンは8通りありますが、そのそれぞれに対し、B君（黒）のカードの引き方とW君（白）のカードの引き方は、180通りあることになります。

さあ、これで全部そろいました！　以上より求める確率は、

$$\frac{8\times180}{15120}=\frac{2}{21}$$

となります！

(2)

今度は、W君が3個目の白で勝つ場合を考えましょう。

まず先ほどと同様、確率の分母から考え始めてみましょう。カードは黒から順に、全部で6枚引くことになり、そして元には戻さないので、全部のカードの引き方は、9×8×7×6×5×4=60480通りあることがわかります。これが分母です。

続いて分子です。

【解法の道しるべ】でも確認したとおり、B君（黒）は白が1列つくる前に勝ってしまうとマズいので、白の3個目が置かれるときにすでに置かれている3個の黒は、1列に並んでいない必要があるわけです。これに注意して考えていきましょう。

ではまず、白が1−2−3と1列に並んで勝つ場合を考えてみます。このとき、白の3回のカードの引き方は何通りあるかというと、これは先ほど見た場合と同じで、3×2×1=6通りですね。

では、黒の3個の入り方を考えてみます。黒が1列に並ばないような入り方をひとつずつ検討してもよいですが、むしろ黒が1列に並ぶほうがまれですよね。こういった「そうならない場合のほうが考えやすい」ケースは「余事象」をうまく使うことがミソです（「余事象」については、【第26問】【振り返り】参照）。つまり、とりあえず全部の黒の並べ方を考えて、そこから黒が1列になる場合を引いてやればよいわけです。黒が1列

に並ぶのは、4－5－6と7－8－9の2パターンしかありませんね。それぞれ6通りのカードの選び方がありますので、黒が1列に並ぶのは、
6×2＝12通りです。そして、1列になることも含めた黒の引き方は、⑴で考えたのと同様に、6×5×4＝120通りあります。そして、1列になる場合を引いてやることにより、黒の3個が1列に並ばないようなカードの選び方は、120－12＝108通りあることがわかります！

さあ、だいぶ前進してきました。もう一度整理すると、白が1－2－3で勝つとき、白のカードの引き方が6通り、黒の3個目までの石の置き方（カードの引き方）が108通りですね。よって、これらをかけることで、6×108＝648通りのカードの引き方があることになります。

そして、白の1列の並び方は、縦3パターン、横3パターン、斜め2パターンの8通りあるので、先ほどと同じように、確率の分子は
648×8＝5184通りになるので、分母の60480通りより求める確率は…、

としたいところですが、残念ながらこれだと不正解です！

さて、いったいどこがマズいのでしょう？　お気づきでしょうか？

そうです。白の3個が斜めに1列に並んで勝つ場合、黒がすでに置いた3個は、どう頑張っても1列にはなり得ないですね！　ですので、白が斜めで勝つ場合（2つのパターンがあります）は、黒の置き方の余事象分を引く必要はなく、120通りが正しいわけです。これに白の6通りをかけた120×6＝720通りになります。そして、白が縦か横に1列に並ぶとき（このパターンは6つあります）は、白が1－2－3で勝つ場合を考えたように648通りです。

これで、ようやく答えが求められます！

$$\frac{648\times6+720\times2}{60480}=\frac{5328}{60480}=\frac{37}{420}$$

これが答えです！

答え

(1) $\frac{2}{21}$

(2) $\frac{37}{420}$

振り返り

いかがでしたでしょうか？　なかなか面白い問題ですよね！　このような実際に私たちになじみがあるようなゲームでの確率問題だと、より面白さが実感できるかもしれません。

ちなみに、(1)の黒の勝利と(2)の白の勝利を比べてみると、(1)の$\frac{2}{21}$は小数にすると0.09523…で、(2)の$\frac{37}{420}$を小数にすると0.08809…になります。ですので、このゲームは実は先攻のほうが有利なんですね！　ただ、この白の3回目（全体の6回目）で勝敗が決まらないケースもあるわけで、その後の黒の4回目、白の4回目なども考えていくと、結局このゲーム全体で先攻と後攻のどちらが有利なのかも計算することができそうですね！(黒のほうが有利なのは最後まで変わらないようですが…)

興味のある方は、この先も計算してみると面白いかもしれません。

第34問

互いに友人であるA、Bはかつて、10年後の1月1日に、スリーアイランズ国の空港で再会することを約束した。いよいよ今日が約束の1月1日である。2人は午後、自分達の住む国からスリーアイランズ国の空港に各々到着する。ところが、3つの島から成るこの国には、各島に1つずつ、計3つの空港があり、出発の際、2人とも行き先をこれら3つの島の中から等確率で選んだため、降り立った空港で2人が再会できるとは限らない。再会できない場合は、AもBも、再会できるまで、現在自分がいる島以外の2島の1つを等確率で選び翌日その島へ移動することを繰り返す。ただし、3島の間の移動は各島間に毎朝1便だけある飛行機によるしかなく、しかも、乗り継ぎが悪いため、島の間の移動は1日に1度しかできない。次の問に答えなさい。

(1) 1月1日にA、Bが再会する確率を求めなさい。

(2) 1月2日にようやくA、Bが再会する確率を求めなさい。

(3) 1月4日の午後までにA、Bが再会できる確率を求めなさい。

(4) 1月6日の午後になってもA、Bが再会できない確率を求めなさい。

(2012年　兵庫県立大学)

解法の道しるべ

◆とってもドラマチックな問題ですね！　10年越しの再会のはずが、お互い相手がどの島にいるのかわからず、すれ違いを繰り返し繰り返し…のようなことになるのか、はたまたそこは友人同士、直感を働かせて1月1日、首尾よく再会できるのか…。

そして(4)の1月6日になってもすれ違い続けるのは、相当な運の悪さですね。そんなに出会えないなら、もう友達をやめたくなるかもしれせんが…(笑)。そんな運のなさは、数学的な計算に基づくとどれほどの確率になるのか…、早く結果が知りたい気もします。

とまあ、そんな感情移入しやすい問題を選んでみました。

◆実際に考えを進めてみないと先は見えにくいところがありますが、考え方自体はそれほど複雑にはならなさそうです。さっそく解いていきましょう！

解説 状況を把握し、それぞれのケースの確率を考える

(1)

1月1日、AとBはそれぞれ自分の国からスリーアイランズ国にある3つの島のいずれかの空港に到着します。3つの島にX, Y, Zと名前をつけましょう。1月1日にAが3つのうちどの島に到着するかは等確率なので、たとえばAがX島に到着する確率は$\frac{1}{3}$になります。

すると、仮に1月1日にX島で再会する確率は、Bも$\frac{1}{3}$の確率でX島に到着するので、$\frac{1}{3}\times\frac{1}{3}=\frac{1}{9}$となりますね。そして、Y島で再会する確率もZ島で再会する確率もそれぞれ同じ$\frac{1}{9}$です。

以上より、1月1日にAとBが再会できる確率は、$\frac{1}{9}+\frac{1}{9}+\frac{1}{9}=\frac{1}{3}$が答えです！

別の考え方も紹介しておきましょう。

Aがどこにいようが、Bは3つの島からひとつ選ぶことになるので、Aがいる島をBが選ぶ確率は$\frac{1}{3}$。よって答えは$\frac{1}{3}$、としてもよいでしょう。これはこれで立派な考え方です。

ただ、この先の問題を考えやすくするため、解説ではあえて「正攻法」的な解き方で説明しました。

(2)

次は、「1月2日にようやく2人が再会する確率」です。これは読み換えると、「1月1日は再会できない」→「1月2日に再会」ということですね。

「1月1日に再会できない」のは、全体の確率である「1」から、「1月1日に再会できる」確率を引いてやればよいので、$1-\frac{1}{3}=\frac{2}{3}$になりますね。

では、1月1日にお互い別の島にいて、次の日の2日に同じ島に到着する確率を考えてみましょう。たとえば1日に、AはX島に、BはY島にいたとしましょう。すると、もし2日に2人が再会できたとすると、そのとき2人はどこにいるでしょう？　そう、Z島です。なぜかというと、2人とも翌日は必ずいま自分がいる島とは違う島にいますね。1月2日、AはX島とは違う島にいて、BはY島とは違う島にいるわけです。では、会えた2人はどこで会うのか？　そう、Z島ですね！　Z島の空港で2人が抱き合って感動の再会を喜ぶ姿が目に浮かびそうです！

では、X島にいるAが、翌日Z島にいる確率はどうなるでしょう？　AはY島かZ島かのどちらかに移動し、そしてそれらの確率が等しいので、Z島に行く確率は$\frac{1}{2}$ですね。また、Y島にいるBが翌日Z島に向かう確率もやっぱり$\frac{1}{2}$です。つまり、別々の島にいるAとBが、次の日にZ島で再会できる確率は、$\frac{1}{2}\times\frac{1}{2}=\frac{1}{4}$となります。

そして、1月1日に再会できない確率が$\frac{2}{3}$でしたので、「1月2日にようやく2人が再会する確率」は、$\frac{2}{3}\times\frac{1}{4}=\frac{1}{6}$と求まります！

(3)

次は、「1月4日の午後までにA、Bが再会できる確率」です。1月4日の午後、ということはもうすでにその日の移動は終了しているのでしょう。そうすると、「1月4日の午後までに再会」とは、「1月1日に再会」か「1月2日に再会」か「1月3日に再会」か「1月4日に再会」であればよいことになります。求める確率は、これらの確率を全部足せばよいことになります。

では、ひとつずつ検討してみましょう。

まず、「1月1日に再会」する確率は、(1)で求めたとおり$\frac{1}{3}$です。

次に、「1月2日に再会」する確率は(2)で求めた$\frac{1}{6}$です。

では、「1月3日に再会」する場合を考えてみましょう。これは言い換えれば、「1月2日までに再会できていない」→「3日に再会」ということですね。そして、「1月2日までに再会できていない」確率は、全体「1」から、「1日か2日に再会できた」確率を引けばよいので、

$$1-\left(\frac{1}{3}+\frac{1}{6}\right)=1-\frac{1}{2}=\frac{1}{2} \qquad \cdots\cdots①$$

となります。そして、1月2日に別々の島にいる2人が次の日に再会できる確率は、⑵で考えた場合と同じで$\frac{1}{4}$です。以上より、「1月3日に再会」できる確率は、$\frac{1}{2}\times\frac{1}{4}=\frac{1}{8}$となります。

では最後、「1月4日に再会」の場合です。これまでと同じように、「1月3日までは再会できない」→「4日に再会」を考えればよく、「1月3日までは再会できない」とは、全体の「1」から「1月3日までに再会できた」確率を引けばよいです。よって、この確率は、

$$\left\{1-\left(\frac{1}{3}+\frac{1}{6}+\frac{1}{8}\right)\right\}\times\frac{1}{4}=\frac{3}{8}\times\frac{1}{4}=\frac{3}{32} \qquad \cdots\cdots②$$

となります。

よって、「1月4日の午後までにA、Bが再会できる確率」は、

$$\frac{1}{3}+\frac{1}{6}+\frac{1}{8}+\frac{3}{32}=\frac{69}{96}=\frac{23}{32}$$

が答えとなります！

⑷

では、いよいよ気になる、「1月6日の午後になってもまだ再会できない」という悲劇のケースです。こんな不運な目にあう確率は、いったいどれぐらいになるのでしょう？

⑶と同じように順番に考えることで求めることもできますが、ここでは視点を変えて考えてみることにしましょう。

「まだ再会できていないAとBが、次の日もまた再会できない」確率を考えてみることにします。「次の日に再会できる」確率が$\frac{1}{4}$でしたので、「次の日に再会できない」確率は$1-\frac{1}{4}=\frac{3}{4}$ということになります。

そして、「1月1日に再会できない」確率は$1-\frac{1}{3}=\frac{2}{3}$なので、「2日になっても再会できていない」確率は、$\frac{2}{3}\times\frac{3}{4}=\frac{1}{2}$となります（これは先ほどの①と一致していますね）。そして、「3日になっても再会できていない」確率はさらに$\frac{3}{4}$をかけて、$\frac{2}{3}\times\frac{3}{4}\times\frac{3}{4}=\frac{3}{8}$です。

これは先ほどの②式の $1-\left(\frac{1}{3}+\frac{1}{6}+\frac{1}{8}\right)=\frac{3}{8}$ に相当しています。

このようにして考えると、6 日になってもまだ再会できていない確率は、次のように一気に計算できますね。

$$\frac{2}{3}\times\frac{3}{4}\times\frac{3}{4}\times\frac{3}{4}\times\frac{3}{4}\times\frac{3}{4}=\frac{81}{512}$$

これが最後の答えです！

答え

(1) $\frac{1}{3}$

(2) $\frac{1}{6}$

(3) $\frac{23}{32}$

(4) $\frac{81}{512}$

振り返り

結局、6 日経っても再会できない確率は $\frac{81}{512}$ でした。小数に直すと 0.1582…つまり約 16% ですね。どうでしょう？　想像したより大きい数字だったかもしれないですね…！　そこそこの可能性で悲劇は起こりそうです…。

とまあ、確率はこうやって自分の感覚と計算結果を照らし合わせることができるので、そのあたりが面白いところではないでしょうか。途中の考え方や計算は慣れないと難しいところはあるかもしれませんが、このような問題をとおして確率をより身近に感じてもらえたらと思います。

どうです？　身のまわりのいろいろなものの確率を計算したくなってきませんか(笑)？

あとがき

いまの日本において、義務教育の課程で数学が組み込まれている以上、ほぼすべての人が一度は数学学習を経験しているはずです。中には、かつて青春のかなりの時間を費やした、という方もいることでしょう。

それなのに大人になったいま、こんなにも数学と疎遠になり（場合によっては忌み嫌い）、“自分とは違う世界のシロモノ”としてしまうのは、実にもったいないことだと思います。

じつは誰しも数学に対し、心の片隅にほんの少し「興味はなくはない」という小さなタネのようなものを残しているのではないでしょうか……それが私の経験上の感覚です。若い頃に苦労したものであるからこそ、ある種、後ろ髪を引かれるような気持ちが強いはず――そんな気がしているのです。

科学文明は数学をベースに発展してきました。この事実を疑う余地はないでしょう。そして平成から新しい元号に変わろうとする現在、AIに代表される新しい科学技術が世界を一変させようとしています。そこでまた、全世界的に数学の果たす重要性が再び見直される時期にきていると、私は考えています。数学はいままさに、現代の大変革の中心に組み込まれようとしているのです。

そんないまだからこそ、すべての社会人が、改めて数学に触れる機会を持つことが重要なのではないかと考えています。

本書の一貫したコンセプトは、「数学を楽しむ」、「数学と仲よくなる」です。あるいはもっと簡単に「数学に興味を持つ」ことでもいいかもしれません。いずれにせよ、読者にとって数学との新たなつき合いのきっかけとなることを願い、本書を書き上げました。

どんな入試問題を取り上げるのがよいのか、どう伝えればより興味を持って読んでもらえるのか、どう表現すれば本質を崩さずわかりやすく伝えられるのか……これまで数学からしばらく遠ざかっていた人に対し、ハードルをなるべく下げようとつとめてきました。もしそれがかなっていたのなら、筆者として、とてもうれしい限りです。

本書をここまで読み進めてきてくださった結果、「数学って面白いな！」と再認識し、「よし、もう一度数学を勉強し直してみよう！」と新たな意欲を持たれた方もいるかもしれません。そこで僭越ながら、まだあなたの心の中に数学の火が燃えているうちに、次につながるアドバイスのようなものをさせていただければと思います。

◉数学をとおして、世界を新発見・再発見してください！

いま、大型書店に足を運ぶと、「数学コーナー」というマニアックな一角があります。そこには高度な専門書から、初心者が手に取りやすいような入門書まで、様々なレベルやジャンルの数学に関する本がずらりと並んでいます。

数学の“何”を学びたいのかにもよりますが、たとえば特定の分野の数学知識は必要とせず、「一般的な教養として数学を学びたい」という方には、現代まで数学をつくり上げてきた数々の歴史上の数学者と、その業績が紹介された書物をおすすめします。

あなたがかつて中学や高校の教科書で学んで、当たり前のように使っていた数学の定理は、人類の歴史のどこかで、誰かが発見し、証明されてきたものです。その背景には、数学者たちの深遠な知恵が隠されています。教科書に掲載されている定理はその「結果」でしかなく、導かれるまでの背景を知ることは、数学という世界を深く理解するために、とても役立つはずです。

また、微分積分、統計、虚数など、数学の特定の分野に絞って、初心者でも抵抗なく読み進められるような入門書もあります。

たとえば微分積分は、計算処理はできても、その本質まで理解できている方は（難関大学受験生でも）なかなかいません。その理由は、高校で習う微分や積分、そして大学入試問題を解くための微分積分に限れば、その本質の理解は問題を解くためにほとんど必要ないからです。
ただし、社会人になってもう一度数学を学び直そうとするときには、本質から理解することで、「あ、あのときに勉強したことって、じつはこういう意味だったんだ！」という新しい発見があるかもしれません。すでに知っている（知っていた）ことを再発見する、そのことこそが、数学をまた違った視点で見ることにつながり、数学から新たな面白さを見出せるきっかけになるのではないでしょうか。
ぜひ、大きめの書店の「数学コーナー」に足を運んでみてください。そして、気になる本があれば手に取って中をパラパラとめくってみてください。中には意味不明な（笑）ものもあるかもしれませんが、きっと興味を引く数学書が見つかるはずです。そしてその運命の一冊を読んで、ワクワク感を感じてくれたなら、しめたものです！　これから先、数学はきっとあなたのよき友達となってくれることでしょう。
数学とは（未解決のものが多くあるとはいえ）、完全無欠の世界です。日常とは別の次元にありながら、でも日常の節々にふと表れてくるのが数学です。「数学」という楽しみを、またひとつあなたの人生に付け加えてみてはいかがでしょうか？

最後になりましたが、「日本中の人に数学をもっと楽しんでもらいたい！」という私の思いを、このように書籍という形で世に伝えることができたのも、たくさんの方々のご支援があったからこそと感じています。この場を借りて、厚く御礼を申し上げます。
とくに、右も左もわからない私を著者へと導いてくださったネクストサービスの松尾昭仁様、大沢治子様、企画にご賛同いただき、この本を世に送り出してくださったすばる舎の菅沼真弘様に、心からお礼申し上げます。そして、出版が決まる前から今日まで手を取ってエスコートしてくださったブックリンケージの中野健彦様、入試問題掲載許可の手はずや全体のコーディネートを担当してくれた未来工房の竹石健様、ありがとうございました。
同時に、執筆で長く家を空ける間、迷惑をかけていたにもかかわらず、ずっと快く応援してくれた妻の美紀と娘の悠那に心から感謝を捧げたいと思います。そして、ここでは書ききれないほど、これまで私に係わってくださったすべての方々、なにより、この本を手に取って最後まで読んでくださった読者の皆さま、本当に、本当にありがとうございます！

本書が、数学という暗く広い夜の海の上、夜空に輝く北極星のような存在になればと願っています。そしてこの本をとおして、一人でも多くの方が「数学ってこんなに面白かったんだ！」と感じてくだされば、それに勝る喜びはありません。皆様の人生の楽しみがまたひとつ増えることを祈りつつ、筆を置きたいと思います。

2019年正月

鈴木伸介

★もっと深く「数学の楽しみ」に浸りたい方に——

著者・鈴木伸介とツイートしませんか？

ツイッターのアカウントページ
https://twitter.com/mouichidosugaku
（アカウント ID は、@mouichidosugaku です）

メールで情報交換、アドバイスを受けることもできます。
suzuki@otona-suugaku.com
（ただし、レスポンスに多少、時間をいただきます）

ツイッターアカウントページはこちら
下の QR コードでもアクセスできます。
ぜひお試しください。

謝　辞

★本書製作に当たって問題の掲載をご許可いただいた各大学に、
心からお礼申し上げます。
（問題掲載順）

・神戸女子大学
・広島工業大学
・大阪市立大学
・京都大学
・東京電機大学
・学習院大学
・東京理科大学
・法政大学
・青山学院大学
・熊本大学
・東洋大学
・同志社大学
・横浜国立大学
・早稲田大学
・宮崎大学
・北里大学
・一橋大学
・立命館大学
・金沢大学
・東京薬科大学
・東京大学
・信州大学
・東京慈恵会医科大学
・弘前大学
・大阪女子大学（現・大阪府立大学）
・兵庫県立大学

鈴木伸介（すずき・しんすけ）
1979年奈良県生まれ。早稲田大学理工学部卒業。医学部受験専門数学マンツーマン指導Focus代表講師。ハーモニービジョン株式会社代表取締役。
これまで400名を超える生徒に数学個別指導を行い、受験生本人が気づかない思考の「くせ」に着目した独自の学習メソッドにより、多数の医学部合格者を輩出している。また大学受験生だけに留まらず、社会人を対象とした数学コミュニティ「おとなのENJOY！数学クラブ」と「ママのための算数・数学サロン」を運営、ともに主宰者を務める。敬遠されがちな数学を「楽しむ」活動の普及に尽力している。

もう一度解いてみる　入試数学

2019年2月21日　第1刷発行

著　者——鈴木伸介
発行者——徳留慶太郎
発行所——株式会社すばる舎
〒170-0013　東京都豊島区東池袋3-9-7 東池袋織本ビル
TEL　03-3981-8651（代表）　03-3981-0767（営業部）
振替　00140-7-116563
URL　http://www.subarusya.jp/
企画協力——松尾昭仁（ネクストサービス）
プロデュース——中野健彦（ブックリンケージ）
装　丁——石川直美
DTP——プリ・テック株式会社
印　刷——中央精版印刷株式会社

落丁・乱丁本はお取り替えいたします

ISBN978-4-7991-0792-8